ECUACIONES DIFERENCIALES

ECUACIONES DIFERENCIALES

Christiaan Ketelaar

Universidad Francisco Marroquín

Basado en Zill *Ecuaciones Diferenciales*

Ecuaciones Diferenciales.
©2021 Christiaan Ketelaar
Editorial Arje
1201 N Orange Street
Suite 7160
Wilmington, Delaware, 19801, USA
http://editorialarje.com
Email: cfketelaar@ufm.edu
ISBN-13: 979-8590680085
ISBN-10: 8590680085
Diagramación y Diseño de la portada: Isabel Urízar y Juan Pablo Estrada Müller, DISMA

Todos los derechos reservados. No está permitida la reproducción total o parcial de este libro, ni su tratamiento informático, ni la transmisión de ninguna forma o por cualquier medio, ya sea electrónico, mecánico, por fotocopia, por registro u otros métodos, sin el permiso previo y por escrito del autor.

Índice

1. Introducción a las Ecuaciones Diferenciales (1.1) — 11
2. Problemas de Valor Inicial (1.2) — 15
3. Ecuaciones Diferenciales Separables (2.2) — 19
4. Ecuaciones Diferenciales Lineales (2.3) — 23
5. Ecuaciones Diferenciales Exactas (2.4) — 29
6. Aplicaciones EDs Exactas (2.4) — 35
7. Ecuaciones Diferenciales Homogéneas (2.5) — 39
8. Modelos Lineales (3.1) — 43
9. Modelos No Lineales (3.2) — 53
10. Teoría Preliminar Ecuaciones Lineales (4.1) — 61
11. Reducción de Orden (4.2) — 67
12. Ecuaciones Diferenciales Lineales Homogéneas (4.3) — 71
13. Ecuaciones Diferenciales Inhomogéneas (4.4) — 77
14. Variación de Parámetros (4.6) — 85
15. ED de Cauchy-Euler (4.7) — 91
16. Sistemas Resorte - Masa (5.1) — 97
17. Definición de la Transformada de Laplace (7.1) — 105
18. Transformada Inversa de Laplace (7.2) — 111
19. Traslaciones en los ejes (7.3) — 117
20. Derivadas e Integrales de Transformadas (7.4) — 123
21. Función Dirac Delta (7.5) — 127
22. Propiedad de Convolución (7.4.2) — 133
23. Sistemas de Ecuaciones Diferenciales (7.6) — 137

AGRADECIMIENTOS

Agradezco a los siguientes estudiantes por sus observaciones y correcciones a la presente edición.

- Juan Pablo Estrada Müller
- Jennyfer Paola Calderón Pereira
- Enrique Andrés Bolaños Reyes
- Carlos Enrique Murillo Mönkemüller
- Wolfgang Schilling Fernández
- Alejandro José Palomo García
- Mario Enrique Pisquiy Gómez
- Daniel Behar Aldana
- Cruz Leonel del Cid Castro
- Carlos Manuel Alvarado Andrade

A los siguientes estudiantes agradezco por revisiones exhaustivas y sugerencias en la presentación del material.

- Abner Josúe Xocop Chacay
- Marcello Samuel Rosales Chávez

1. Introducción a las Ecuaciones Diferenciales (1.1)

> **Ecuación Diferencial (ED)**
>
> Una **ecuación diferencial** (ED) es una ecuación que contiene derivadas de una o más variables respecto a una o más variables independientes.

El objetivo es encontrar una función $y = f(x)$ que satisfaga la ecuación diferencial.

Ejemplos de ecuaciones diferenciales:

- Ecuación de crecimiento exponencial: $\quad \dfrac{dy}{dx} = ky$

- Ley de enfriamiento de Newton: $\quad \dfrac{dT}{dt} = k(T - T_m)$

Notación: las derivadas se pueden escribir con la notación de Leibniz o la notación prima.

- Notación Leibniz: $\quad \dfrac{dy}{dx}, \dfrac{d^2y}{dx^2}, \cdots \dfrac{d^ny}{dx^n}$

- Notación Prima: $\quad y', y'', y^{(3)}, \cdots y^{(n)}$

Definiciones y Tipos de Ecuaciones Diferenciales

Ecuación Diferencial Ordinaria: la ecuación contiene derivadas respecto a una sola variable independiente, como sólo el tiempo t ó la longitud x.

$$y^{(3)} + y'' + y' + y = 0$$

Ecuación Diferencial Parcial: la ecuación contiene derivadas respecto a dos o más variables independientes, como el tiempo t y las longitudes x & y.

$$\frac{\partial u}{\partial t} = \frac{\partial^2 u}{\partial x^2} + \frac{\partial^2 u}{\partial y^2}$$

El **orden de una ecuación diferencial** es el orden de la mayor derivada en la ecuación.

Por ejemplo, la siguiente ecuación diferencial es de orden 3.

$$\frac{d^3y}{dx^3} + \left(\frac{dy}{dx}\right)^4 = \sin x$$

$\dfrac{dy}{dx}$ tiene una potencia de cuatro pero sigue siendo un término de primer orden.

Ejercicio 1: *Determine el orden de las siguientes ecuaciones diferenciales.*

a. $\dfrac{dy}{dx} = kx^2y^2 \quad$ es de primer orden.

b. $P' = 2P(1-P) \quad$ es de primer orden.

c. $\dfrac{d^2y}{dt^2} + \alpha \dfrac{dy}{dt} + \beta y = f(t) \quad$ es una ecuación de segundo orden.

d. $y(y'')^4 + 5(y')^6 = e^x \quad$ es de segundo orden.

Una ecuación diferencial ordinario de n-ésimo orden se puede escribir como una función con derivadas como variables.

$$F(x, y, y', \cdots, y^{(n)}) = 0$$

En la **forma normal** de una ecuación diferencial, sólo la derivada de orden más alto se encuentra en el lado izquierdo.

$$\frac{d^n y}{dx^n} = f(x, y, y', \cdots, y^{(n-1)})$$

Solución de una ecuación diferencial

> La solución de una ecuación diferencial es una función $\phi(x)$ definida en un intervalo que tiene al menos n derivadas continuas y que satisface la ED, es decir:
>
> $$F(x, \phi, \phi', \cdots, \phi^{(n)}) = 0$$
>
> El **intervalo de definición** es el intervalo donde la solución de la ED está definida.

Ejercicio 2: *Verifique que la función indicada es una solución de la ED en el intervalo* $(-\infty, \infty)$.

a. $\dfrac{dy}{dt} + 20y = 24; \quad y(t) = \dfrac{6}{5} - \dfrac{6}{5}e^{-20t}$.

Reemplace y & $y' = 24e^{-20t}$ en la ec. y verifique que se satisface la ED.

$$24e^{-20t} + 24 - 24e^{-20t} = 24, \quad \Rightarrow \quad 24 = 24$$

b. $y'' + 4y = 0; \quad y(t) = C_1 \cos 2t + C_2 \sin 2t, \quad C_1$ y C_2 son constantes arbitrarias.

$$y' = -2C_1 \sin 2t + 2C_2 \cos 2t$$
$$y'' = -4C_1 \cos 2t - 4C_2 \sin 2t$$
$$-4C_1 \cos 2t - 4C_2 \sin 2t + 4C_1 \cos 2t + 4C_2 \sin 2t = 0 = 0$$

Solución Trivial

Una ED tiene solución trivial si la función cero $\phi = 0$ es su solución.

En el ejercicio 2, si $y = 0$, entonces $y' = y'' = 0$.

- La ED 2a no tiene solución trivial $0 \neq 24$.
- La ED 2b si tiene una solución trivial $0 = 0$.

Familias de Soluciones

Considere la siguiente ecuación diferencial: $\dfrac{dy}{dx} = f(x)$.

La antiderivada de $f(x)$, denotada como $F(x) = \displaystyle\int f(x)dx$, es una solución de la ED.

Note que que $y = F(x) + C$ es también una solución de la ecuación diferencial y en realidad tiene un número infinito de soluciones.

La familia de soluciones para esta ecuación diferencial es $F(x) + C$ donde C es una constante de integración.

Cada función de esta familia de soluciones es una traslación vertical de la antiderivada $F(x)$.

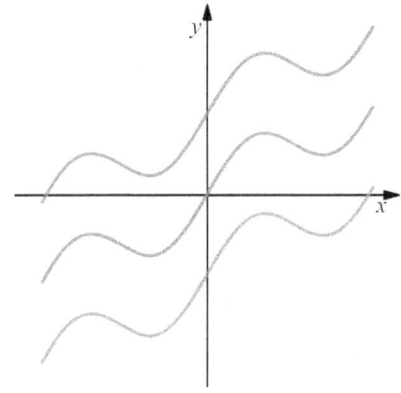

En general, la familia de soluciones de una ED tiene varias constantes de integración.

- Las EDs de primer orden contienen una sola constante arbitraria.
- Las EDs de segundo orden contienen dos contantes arbitrarias.
- Las EDs de n-ésimo orden tienen n constantes arbitrarias.

Solución Particular

La **solución particular** de una ecuación diferencial está libre de constantes o parámetros arbitrarios.

- El ejercicio 2a tiene una solución particular.
- El ejercicio 2b tiene una solución general con dos constantes arbitrarias.

Ecuaciones Diferenciales Lineales

Una ecuación diferencial es lineal si F es lineal en y, y' y el resto de sus derivadas.

> **ED lineal**
>
> Una ecuación diferencial lineal tiene la forma algebraica.
> $$a_n(x)\frac{d^n y}{dx^n} + a_{n-1}(x)\frac{d^{n-1} y}{dx^{n-1}} + \cdots + a_1(x)\frac{dy}{dx} + a_0(x)y = g(x)$$

Note que en una ecuación diferencial lineal

- Los coeficientes $a_i(x)$ dependen sólo de la variable independiente x.
- La variable dependiente y todas sus derivadas sólo tienen potencias de uno.

Ejercicio 3: Indique si la ecuación diferencial dada es lineal.

a. $x\dfrac{d^3 y}{dx^3} + \left(\dfrac{dy}{dx}\right)^4 + y = 0$ NO ES LINEAL, porque y' tiene una potencia mayor a 1.

b. $(\sin t)y''' + (\cos t)y' = 2e^t$ SI ES LINEAL, los coeficientes sólo dependen de t y las derivadas tienen potencias de 1.

c. $\dfrac{d^2 y}{dt^2} = A\sin(ky)$ NO ES LINEAL, el término $\sin ky$ no es lineal.

2. Problemas de Valor Inicial (1.2)

Usualmente estamos interesados en buscar la solución de una ED que satisface condiciones prescritas o iniciales en $y(x)$ o en sus derivadas. Este tipo de ED se conoce como un problema con valores iniciales (PVI).

> **PVI de primer orden**
>
> Es una ED de primer con una condición inicial.
>
> $$\text{Resuelva:} \qquad y' = f(x, y)$$
> $$\text{Sujeto a:} \qquad y(x_o) = y_o$$

La solución del PVI se conoce como una **solución particular** y es la curva que pasa por (x_o, y_o) y tiene pendiente igual a $f(x, y)$.

> **PVI de segundo orden**
>
> Es una ED de primer con dos condiciones iniciales.
>
> $$\text{Resuelva:} \qquad y'' = f(x, y, y')$$
> $$\text{Sujeto a:} \qquad y(x_o) = y_o, \qquad y'(x_o) = v_o$$

En este PVI, la curva solución debe pasar por (x_o, y_o) y tener pendiente igual a v_o en x_0.

Un PVI de n-orden tiene n condiciones en $x = x_o$ para y y sus derivadas.

Ejercicio 1: Encuentre la solución particular a los siguientes PVIs.

a. $y' = y - y^2$, $y(-1) = 0.5$, use la solución general $y(x) = \dfrac{1}{1 + ce^{-x}}$.

Evalúe y en $x = -1$ y encuentre el valor de la constante c.

$$y(-1) = \frac{1}{1 + c_1 e} = \frac{1}{2}, \qquad 1 + ce = 2, \qquad c = e^{-1}$$

$$y(x) = \frac{1}{1 + e^{-1-x}}$$

b. $u'' + u = 0$, $u(\pi/2) = 0$, $u'(\pi/2) = 2$, use la solución $u = c_1 \cos\theta + c_2 \sin\theta$.

$$u' = -c_1 \sin\theta + c_2 \cos\theta$$
$$u(\pi/2) = c_1 \cdot 0 + c_2 \cdot 1 = 0 \qquad \Rightarrow \qquad c_2 = 0$$
$$u'(\pi/2) = -c_1 \cdot 1 + c_2 \cdot 0 = 2 \qquad \Rightarrow \qquad c_1 = -2$$

La solución particular es $u(\theta) = -2\cos\theta$.

Existencia y Unicidad

No todos los PVI's tienen solución o pueden tener más de una solución.

Por ejemplo, la ED $y' = 3y^{2/3}$ sujeta a $y(0) = 0$.
Tiene por lo menos 2 soluciones $y = 0$ & $y = t^3$.

> **Condiciones para la existencia de una solución de un PVI**
>
> El PVI de primer orden $y' = f(x,y)$ sujeto a $y(x_o) = y_o$ tiene garantizada una solución única si f y $\dfrac{\partial f}{\partial y}$ son continuas en una región alrededor del punto (x_o, y_o).

Ejercicio 2: Determine si el PVI tiene una solución única que pasa por el punto dado.

a. $y' = y - y^2, \qquad y(2) = 4$.

$f(x,y) = y - y^2$ & $\dfrac{\partial f}{\partial y} = 1 - 2y$ son continuas en $\mathbb{R}^2$.

La ED tiene solución única en cualquier punto $(x_o, y_o) \in \mathbb{R}^2$.

b. $y' = 3y^{2/3}, \qquad y(0) = 0$.

$f(x,y) = 3y^{2/3}$ es continua en $\mathbb{R}$, pero $\dfrac{\partial f}{\partial y} = \dfrac{2}{y^{1/3}}$ no es continua en $y = 0$.

La ED no tiene garantizada solución única en el punto $(0,0)$.

c. $y' = \sqrt{y^4 - 16}, \qquad y(-2) = 4$

$f(x,y) = \sqrt{y^4 - 16}$ no es continua en $-2 < y < 2$,
$\dfrac{\partial f(x,y)}{\partial y} = \dfrac{2y^3}{\sqrt{y^4 - 16}}$ no es continua en $-2 \leqslant y \leqslant 2$.

Como f & f_y están definidas en $(-2, 4)$, la ED tiene solución única en el punto $(-2, 4)$.

d. $y' = \sqrt{y^4 - 16}, \qquad y(3) = 2$

f es continua en $y = 2$, PERO f_y no es continua en $y = 2$.

Como f_y no es continua en $y = 2$, la ED no tiene solución única en el punto $(-2, 4)$.

Notaciones Alternativas para escribir una ED

Utilice las diferenciales dy & dx para reescribir una ED de primer orden como:

$$\frac{dy}{dx} = f(x,y), \qquad dy - f(x,y)dx = 0.$$

> En general, una ecuación diferencial de primer orden tiene la forma
>
> $$P(x,y)dy + Q(x,y)dx = 0$$

Ejercicio 3: Determine si la ecuación diferencial dada es lineal.
Si es lineal, reescríbala en la forma $a(x)y' + b(x)y = g(x)$.

a. $(y - x^2)dx + 4xdy = 0$

$$y - x^2 + 4x\frac{dy}{dx} = 0$$
$$4x\frac{dy}{dx} + y = x^2$$

La ecuación diferencial es lineal, los coeficientes sólo dependen de x.

b. $ydx + (x + xy + e^y)dy = 0$

$$y + (x + xy + e^y)\frac{dy}{dx} = 0$$
$$(x + xy + e^y)\frac{dy}{dx} + y = 0$$

La ecuación diferencial no es lineal, el coeficiente para y' no depende sólo de x.

3. Ecuaciones Diferenciales Separables (2.2)

Muchos de los métodos para resolver ecuaciones diferenciales utilizan técnicas de integración. En el caso más sencillo de una ecuación diferencial de primer orden, la función es producto de dos funciones independientes en x & en y.

> **Ecuación Diferencial Separable**
>
> Una ecuación diferencial separable es una ED de 1er orden cuyo lado derecho es un producto de una función en x y de una función en y. Tiene la forma:
>
> $$\frac{dy}{dx} = f(x)g(y)$$

Por ejemplo, $\dfrac{dy}{dx} = y^3 x^2 e^{x^3+y^4} = (y^3 e^{y^4})(x^2 e^{x^3})$ es una ED separable.

Mientras que $\dfrac{dy}{dx} = \tan(x+y)$ no es una ED separable.

Un caso especial de una ED separable es: $\dfrac{dy}{dx} = f(x)$, su solución es la integral de $f(x)$.

$$y = \int f(x)\, dx + C$$

Para resolver una ED separable se piensa en la derivada $\dfrac{dy}{dx}$ como un cociente de diferenciales y las variables se separaran algebraicamente.

En cada lado sólo aparece una variable y no hay ningún diferencial en el denominador.

$$\frac{dy}{dx} = f(x)g(y)$$
$$\frac{dy}{g(y)} = f(x)dx$$
$$\int \frac{dy}{g(y)} = \int f(x)dx + C$$

Después de integrar ambos lados de la ecuación, se resuelve para y (si es posible) para encontrar una función solución explícita.

Aunque hayan dos integrales indefinidas, las constantes de integración arbitrarias se pueden combinar en una sola.

Ejercicio 1: Resuelva las siguientes ecuaciones diferenciales.

a. $\dfrac{dy}{dx} = -3x^2 y^2$

$$\text{Separe las variables:} \qquad -\dfrac{dy}{y^2} = 3x^2 \, dx$$

$$\text{Integre cada lado:} \qquad -\int y^{-2} \, dy = \int 3x^2 \, dx$$

$$\dfrac{1}{y} = x^3 + C$$

$$\text{Resuelva para } y: \qquad y = \dfrac{1}{x^3 + C}$$

Derive $y(x)$ para verificar que es una solución de la ecuación diferencial.

$$\dfrac{dy}{dx} = -3x^2 \dfrac{1}{x^3 + C} = -3x^2 y$$

b. $\dfrac{dy}{dx} = \dfrac{1}{\sqrt{1-x^2}}$

Simplemente integre la función del lado derecho.

$$y = \int \dfrac{1}{\sqrt{1-x^2}} \, dx = \sin^{-1} x + C$$

Una ecuación diferencial separable puede tener una condición inicial en $x = a$, $y(a) = y_a$.

Ejercicio 2: Resuelva los siguientes problemas de valor inicial.

a. $\dfrac{dy}{dx} = y^2 \sec x \tan x$, sujeta a $y(0) = \dfrac{1}{2}$.

$$\text{Separe las variables:} \qquad \dfrac{dy}{y^2} = \sec x \tan x \, dx$$

$$\text{Integre cada lado:} \qquad -\dfrac{1}{y} = \sec x + C$$

$$\text{Resuelva para } y: \qquad y = \dfrac{-1}{\sec x + C}$$

Utilice la condición inicial $y(0) = \tfrac{1}{2}$ para encontrar el valor de C.

$$y(0) = \dfrac{-1}{\sec 0 + C} = \dfrac{-1}{1 + C} = \dfrac{1}{2}$$

$$1 + C = -2 \quad \Rightarrow \quad C = -3$$

La solución particular de la ED es: $y = \dfrac{-1}{\sec(x) - 3}$.

b. $\dfrac{dy}{dx} = -\dfrac{y}{x^2}$, si $y(1) = e^2$. Asuma que $x, y \geqslant 0$.

Separe variables: $\quad \dfrac{dy}{y} = -\dfrac{dx}{x^2}$

Integre cada lado: $\quad \ln y = \dfrac{1}{x} + C_1$

Resuelva para y: $\quad e^{\ln y} = e^{C_1 + 1/x}$

$$y = Ce^{1/x}$$

Por facilidad, la constante de integración se reescribió como $e^{C_1} = C$.

Use la condición inicial $y(1) = e^2$ para encontrar el valor de C.

$$y(1) = Ce = e^2$$
$$C = \dfrac{e^2}{e} = e$$

La solución particular de la ED es: $y(x) = ee^{1/x} = e^{1+1/x}$.

Soluciones Implícitas y Explícitas de una ED

La solución de una ecuación diferencial separable es una función implícita en x & y de la forma $F(x,y) = 0$, la solución explícita se obtiene al resolver para $y(x)$. En algunos casos no se puede resolver para y o se obtiene una solución que no incluye a toda la curva.

Por ejemplo, resuelva la ED $\dfrac{dy}{dx} = -\dfrac{x}{y}$, $y(0) = -R$.

Separe variables:	$ydy = -xdx$
Integre cada lado:	$0.5y^2 = -0.5x^2 + C$
Multiplique por 2:	$y^2 = -x^2 + 2C$
Use $y(0) = -R$:	$R^2 = -0^2 + 2C, \quad C = 0.5R^2$
Reescriba:	$x^2 + y^2 = R^2$

La solución es una circunferencia de radio R.
Esta solución es una relación y no una función.

Una solución explícita para esta ecuación se obtiene resolviendo para y.

$$y^2 = R^2 - x^2$$
$$y = \pm\sqrt{R^2 - x^2}$$

La solución tiene dos semicircunferencias, para satisfacer $y(0) = -R$, se selecciona la semicircunferencia inferior.

$$y = -\sqrt{R^2 - x^2}$$

Soluciones singulares de una ecuación diferencial

Si $\dfrac{dy}{dx} = g(x)h(y)$ tiene un cero r en $h(y)$, entonces $y = r$ es una solución de la ED.

Verifique que es una solución: $y = r \quad y' = 0, \qquad 0 = g(x)h(r) = 0.$

El método de separación de variables no encuentra esta solución porque el término $\dfrac{dy}{h(y)}$ se indefine en $y = r$, esta solución se conoce como una **solución singular.**

> **Solución singular:** es solución de una ED que no es parte de la solución general o de una familia de soluciones.

Si la ecuación diferencial tiene soluciones singulares, entonces hay pérdida de soluciones cuando se utiliza separación de variables.

Ejercicio 3: $\dfrac{dy}{dx} = y^2 - 9$

La ED tiene ceros en $y = \pm 3$, por lo que hay dos soluciones singulares $y = \pm 3$.

Integre utilizando fracciones parciales,

$$dx = \frac{dy}{y^2 - 9}$$

$$\int dx = \frac{1}{6}\int \left(\frac{1}{y-3} - \frac{1}{y+3}\right) dy$$

$$x + C_1 = \frac{1}{6}\ln|y-3| - \frac{1}{6}\ln|y+3|$$

$$x + C_1 = \frac{1}{6}\ln\left|\frac{y-3}{y+3}\right|$$

Resuelva para y para obtener una solución explícita.

$$\ln\left|\frac{y-3}{y+3}\right| = 6x + C_1$$

$$\frac{y-3}{y+3} = e^{C_1 + 6x} = Ce^{6x}$$

$$y - 3 = yCe^{6x} + 3e^{6x}$$

$$y - yCe^{6x} = 3 + 3Ce^{6x}$$

$$y = \frac{3 + 3Ce^{6x}}{1 - Ce^{6x}}$$

Note que la solución general no incluye las dos soluciones constantes.

4. Ecuaciones Diferenciales Lineales (2.3)

En una ecuación diferencial lineal, los coeficientes que acompañan a cada derivada de y y a y sólo dependen de x. Además cada derivada sólo tiene potencia de uno.

> **Ecuación Diferencial Lineal de 1er orden**
>
> Una ecuación diferencial (ED) de primer orden lineal tiene la forma
>
> $$A(x)\frac{dy}{dx} + B(x)y = C(x)$$

- **ED Lineal Homogénea:** cuando $C(x) = 0$.
- **ED Lineal Inhomogénea:** cuando $C(x) \neq 0$.

Si se divide la ED por $A(x)$ se obtiene la forma estándar de una ED lineal.

> **Forma Estándar de una ED lineal de 1er orden**
>
> La forma normal o estándar de una ecuación diferencial lineal es:
>
> $$\frac{dy}{dx} + P(x)y = Q(x)$$
>
> donde $P(x) = \dfrac{B(x)}{A(x)}$, & $Q(x) = \dfrac{C(x)}{A(x)}$.

Solución de una ED Lineal Homogénea

$$\frac{dy}{dx} + P(x)y = 0$$

Utilice separación de variables.

$$\frac{dy}{y} = -P(x)dx$$

$$\ln|y| = -\int P(x)dx + C_1$$

$$y = Ce^{-\int P(x)dx}$$

Para resolver la ED lineal inhomogénea se necesita utilizar la función $e^{\int P(x)dx}$ y la regla del producto para diferenciación.

También se pueden utilizar otros métodos que se verán posteriormente como variación de parámetros y coeficientes indeterminados.

Factor de Integración (FI)

Multiplique la ED lineal estándar por el factor de integración $v(x) = e^{\int P(x)dx}$.
Por simplicidad no se incluye la constante de integración.

$$e^{\int P(x)dx}\frac{dy}{dx} + P(x)e^{\int P(x)dx}y = Q(x)e^{\int P(x)dx}$$

Utilice la regla del producto para simplificar la ED en una forma que se pueda integrar.

$$\frac{d}{dx}\left(e^{\int P(x)dx}y\right) = e^{\int P(x)dx}\frac{dy}{dx} + P(x)e^{\int P(x)dx}y$$

$$\frac{d}{dx}\left(ye^{\int P(x)dx}\right) = Q(x)e^{\int P(x)dx}$$

Integre ambos lados de la ED y resuelva para y.

$$ye^{\int P(x)dx} = C + \int Q(x)e^{\int P(x)dx}\, dx$$

$$y = Ce^{-\int P(x)dx} + e^{-\int P(x)dx}\int Q(x)e^{\int P(x)dx}\, dx$$

> **Solución de la ED lineal de 1er orden**
>
> La ecuación diferencial lineal de primer orden
>
> $$\frac{dy}{dx} + P(x)y = Q(x)$$
>
> tiene la solución general
>
> $$y = Ce^{-\int P(x)dx} + e^{-\int P(x)dx}\int Q(x)e^{\int P(x)dx}\, dx$$
>
> La función $v(x) = e^{\int P(x)dx}$ se conoce como el **factor de integración.**

Observaciones: Si $C(x) = 0$ se obtiene la solución de una ED lineal homogénea.
No es necesario memorizarse esta fórmula, es más fácil si se siguen los siguientes pasos.

Pasos para resolver una ED lineal de 1er orden

1. Divida la ED lineal por $A(x)$ para obtener su forma estándar.
2. Encuentre el factor de integración $v = e^{\int P(x)dx}$.
3. Multiplique la ED por el factor de integración.
4. Utilice la regla del producto e integre la ED $(vy)' = Q(x)v$.
5. La solución general es $Ce^{-\int P dx} + e^{-\int P dx}\int Qe^{\int P dx}\, dx$.

Ejercicio 1: Resuelva las siguientes ecuaciones diferenciales.

a. $y' + 2xy = 4x$ La ED lineal ya está en su forma estándar, $P(x) = 2x$.

Factor Integrante	$e^{\int P dx} = e^{\int 2x dx} = e^{x^2}$
Multiplique la ED por el FI:	$e^{x^2} y' + 2xe^{x^2} y = 4xe^{x^2}$
Regla del Producto:	$(e^{x^2} y)' = 4xe^{x^2}$
Integre:	$e^{x^2} y = 2e^{x^2} + C$
Solución General:	$y = 2 + Ce^{-x^2}$

b. $2(y - 4x^2)dx + xdy = 0$.

Reescriba la ED lineal en su forma estándar

$$x\frac{dy}{dx} + 2y - 8x^2 = 0$$

$$\frac{dy}{dx} + \frac{2}{x}y = 8x$$

En este caso $P(x) = \frac{2}{x}$, obtenga el factor integrante.

$$\int P(x)dx = \int \frac{2}{x}dx = 2\ln(x) = \ln(x^2)$$

$$e^{\int P(x)dx} = e^{\ln(x^2)} = x^2$$

Multiplique la ED por el factor integrante y utilice la regla del producto.

$$x^2 \frac{dy}{dx} + 2xy = 8x^3$$

$$\frac{d}{dx}\left(x^2 y\right) = 8x^3$$

Integre la ED y resuelva para y

$$x^2 y = \int 8x^3 \, dx = 2x^4 + C$$

$$y = 2x^2 + Cx^{-2}$$

c. $x^2 y' = 40x^5 - 4xy$.

Forma Estándar:	$y' + \frac{4}{x}y = 40x^3$
Factor Integrante:	$e^{\int 4/x \, dx} = e^{4\ln x} = x^4$
Multiplique la ED por el FI:	$x^4 y' + 4x^3 y = 40x^7$
Regla del Producto:	$(x^4 y)' = 40x^7$
Integre:	$x^4 y = \int 40x^7 \, dx = C + 5x^8$
Resuelva para y:	$y = Cx^{-4} + 5x^4$

d. $(\cos x + 2y \cos x)dx - \sin x\, dy = 0.$

Reescriba la ED en su forma estándar de ED lineal

$$\sin x \frac{dy}{dx} = \cos x + 2y \cos x$$
$$\frac{dy}{dx} = \frac{\cos x}{\sin x} + 2y \frac{\cos x}{\sin x}$$
$$\frac{dy}{dx} - 2y \frac{\cos x}{\sin x} = \frac{\cos x}{\sin x}$$

Obtenga el factor integrante $v(x)$.

$$\int P(x)\, dx = -2 \int \frac{\cos x}{\sin x} dx = -2\ln|\sin x|$$
$$v(x) = e^{\int P(x)\, dx} = e^{\ln|\sin x|^{-2}} = \frac{1}{\sin^2 x}$$

Multiplique la ED por $v(x)$ e integre la ED.

$$\frac{1}{\sin^2 x} \frac{dy}{dx} - 2y \frac{\cos}{\sin^3 x} = \frac{\cos x}{\sin^3 x}$$
$$\frac{d}{dx}\left(\frac{y}{\sin^2 x}\right) = \frac{\cos x}{\sin^3 x}$$
$$\frac{y}{\sin^2 x} = \int \sin^{-3} x \cos x\, dx = -\frac{1}{2\sin^2 x} + C$$
$$y = -\frac{1}{2} + C \sin^2 x$$

e. $10\dfrac{dy}{dt} + 20y = 40e^{-2t} \sin 2t$

Divida la ED lineal por 10 para obtener su forma estándar

$$\frac{dy}{dt} + 2y = 4e^{-2t} \sin 2t$$

Multiplique la ED por el factor integrante $e^{\int P(t)\, dt} = e^{\int 2\, dt} = e^{2t}$.

$$e^{2t}\frac{dy}{dt} + 2e^{2t}y = 4e^{2t}e^{-2t} \sin 2t$$
$$(e^{2t}y)' = 4\sin 2t$$
$$e^{2t}y = \int 4\sin 2t\, dt = -2\cos 2t + C$$
$$y = -2e^{-2t}\cos 2t + Ce^{-2t}$$

Puntos Singulares e Intervalo de Solución

Los puntos singulares de la ED lineal $A(x)\dfrac{dy}{dx} + B(x)y = C(x)$ ocurren cuando $A(x) = 0$.

Si la ED lineal está escrita en su forma estándar

$$\frac{dy}{dx} + P(x)y = Q(x)$$

los puntos singulares ocurren cuando las funciones coeficientes $P(x)$ y $Q(x)$ se indefinen. Los puntos singulares afectan el intervalo donde la solución está definida.

> **Existencia de solución única ED lineal 1er orden**
>
> El problema de valor inicial lineal.
>
> $$\frac{dy}{dx} + P(x)y = Q(x), \qquad y(x_o) = y_o$$
>
> tiene solución única si ambas funciones $P(x)$ y $Q(x)$ son continuas en x_o.

- En el ejercicio 1, las EDs **a** & **e** no tienen puntos singulares.

$$y' + 2xy = 4x$$
$$y' + 2y = 4e^{-2t}\sin 2t$$

Las soluciones de cada uno de estas EDs están definidas en $(-\infty, \infty)$.

- Las EDs **b** & **c** tienen un punto singular en $x = 0$.

$$xy' + 2y = 48x$$
$$x^2 y' + 4xy = 40x^5$$

Cada solución no está definida en $x = 0$ y el intervalo de solución en $(0, \infty)$.

$$y_b = Cx^{-2} + 2x^2$$
$$y_c = Cx^{-4} + 5x^4$$

- La ED d tiene puntos singulares cuando $\sin x = 0$, i.e. $x = n\pi$, $n \in \mathbb{Z}$.

$$\sin x \frac{dy}{dx} = \cos x + 2y\cos x$$

Aunque la solución $y = -\dfrac{1}{2} + C\sin^2 x$ parece estar definida en $\mathbb{R}$, el intervalo de solución se reduce a $(0, \pi)$ (si la condición inicial esté adentro de este intervalo).

Ejercicio 2: Resuelva el PVI $xy' - y = 2x^2$, $y(1) = 5$.
Indique los puntos singulares y el intervalo de solución.

El coeficiente $A(x) = x = 0$ cuando $x = 0$, hay un punto singular en $x = 0$.

La forma normal de la ED es: $y' - \dfrac{y}{x} = 2x$.

El factor integrante es: $e^{-\int x^{-1} dx} = e^{-\ln x} = \dfrac{1}{x}$, $x > 0$.

Multiplique la ED por el FI e integre.

$$\frac{1}{x} y' - \frac{1}{x^2} y = 2$$
$$\left(\frac{y}{x}\right)' = 2$$
$$\frac{y}{x} = 2x + C$$
$$y = 2x^2 + Cx$$

Evalúe en la CI para obtener el valor de la constante C.

$$y(1) = 2 + C = 5 \quad \Rightarrow \quad C = 3$$

La solución del PVI es: $y = 2x^2 + 3x$.

El dominio de esta solución aparenta ser de $(-\infty, \infty)$, pero como hay un punto singular en $x = 0$, el intervalo de solución se reduce a $(0, \infty)$.

5. Ecuaciones Diferenciales Exactas (2.4)

Una ecuación diferencial (ED) de primer orden

$$\frac{dy}{dx} = \frac{M(x,y)}{N(x,y)}$$

se puede reescribir en términos de sus diferenciales dy & dx.

$$M(x,y)dx - N(x,y)dy = 0$$

Si la ED es separable, entonces $M(x,y) = f(x)$ & $N(x,y) = g(y)$

$$f(x)dx - g(y)dy = 0$$

La solución de la ED se obtiene al integrar cada variable por separado y resolver para y.

Una ecuación diferencial de primer orden no siempre es posible resolverla por medio de separación de variables, por lo que existen otros métodos para resolver una ED si esta es exacta u homogénea.

Ecuaciones Diferenciales Exactas

> La ecuación diferencial de primer orden
>
> $$M(x,y)dx + N(x,y)dy = 0$$
>
> es **exacta** si y sólo si $\dfrac{\partial M}{\partial y} = \dfrac{\partial N}{\partial x}$.

Ejercicio 1: Determine si las siguientes EDs son exactas.

a. $\dfrac{dy}{dx} = \dfrac{3x^2y + 6x}{2y - x^3}$.

Reescríbala en su forma diferencial $(3x^2y + 6x)dx + (x^3 - 2y)dy = 0$.

$$M(x,y) = 3x^2y + 6x \qquad \frac{\partial M}{\partial y} = 3x^2$$

$$N(x,y) = x^3 - 2y \qquad \frac{\partial N}{\partial x} = 3x^2$$

La ED es exacta porque las dos derivadas parciales son iguales.

b. $(6xy + y^2)dy + (3x^2 + xy)dx = 0$

$$M(x,y) = 3x^2 + xy \qquad \frac{\partial M}{\partial y} = x$$

$$N(x,y) = 6xy + y^2 \qquad \frac{\partial N}{\partial x} = 6y$$

La ED no es exacta porque $\dfrac{\partial M}{\partial y} \neq \dfrac{\partial N}{\partial x}$.

c. $\dfrac{dy}{dx} = ry$

La ED del crecimiento exponencial es separable pero también es exacta $M_y = N_x = 0$.

$$r\,dx - \dfrac{1}{y}dy = 0$$

$$M(x,y) = r \qquad \dfrac{\partial M}{\partial y} = 0$$

$$N(x,y) = y^{-1} \qquad \dfrac{\partial N}{\partial x} = 0$$

d. $[2xy + \ln(x+3)]dx + (e^{y^2} - x^2)dy = 0$

$$M(x,y) = 2xy + \ln(x+3) \qquad \dfrac{\partial M}{\partial y} = 2x$$

$$N(x,y) = e^{y^2} - x^2 \qquad \dfrac{\partial N}{\partial x} = -2x$$

La ED no es exacta $\dfrac{\partial M}{\partial y} \neq \dfrac{\partial N}{\partial x}$.

Solución de una Ecuación Diferencial Exacta

Se encuentra integrando cada una de las derivadas parciales y utilizando el hecho de que las derivadas parciales de una función continua de dos variables $F(x,y)$ son iguales.

$$\dfrac{\partial^2 F}{\partial x \partial y} = \dfrac{\partial^2 F}{\partial y \partial x}$$

Asuma que la solución de la ED es la ecuación implícita $F(x,y) = C$.

Utilice la regla de la cadena, F depende de x y de y, para encontrar el diferencial total dF.

$$dF = \dfrac{\partial F}{\partial x}dx + \dfrac{\partial F}{\partial x}dy = 0$$

Si $M = \dfrac{\partial F}{\partial x}$ y $N = \dfrac{\partial F}{\partial y}$, se obtiene la ED:

$$M\,dx + N\,dy = 0$$

Calcule las derivadas parciales: $\dfrac{\partial M}{\partial y} = \dfrac{\partial^2 F}{\partial y \partial x}$ y $\dfrac{\partial N}{\partial x} = \dfrac{\partial^2 F}{\partial x \partial y}$.

Como las derivadas parciales cruzadas son iguales $\dfrac{\partial^2 F}{\partial x \partial y} = \dfrac{\partial^2 F}{\partial y \partial x}$, entonces $F(x,y) = C$ es la solución de la ED si ésta es exacta $\dfrac{\partial M}{\partial y} = \dfrac{\partial N}{\partial x}$.

Solución de una ED Exacta

La función implícita $F(x,y) = C$ es la solución de la ED exacta.

$$M dx + N dy = 0 \qquad\qquad \dfrac{\partial M}{\partial y} = \dfrac{\partial N}{\partial x}$$

La función implícita $F(x,y) = C$ se obtiene al resolver las siguientes ecuaciones:

$$\dfrac{\partial F}{\partial x} = M(x,y) \qquad\qquad \dfrac{\partial F}{\partial y} = N(x,y)$$

Pasos para resolver una ED exacta

1. Integre parcialmente la ec. $\dfrac{\partial F}{\partial x} = M(x,y)$.

2. La solución parcial tiene una constante arbitaria que depende de y, $F(x,y) + A(y)$.

3. Derive la solución respecto a y e iguálela a $\dfrac{\partial F}{\partial y} + A'(y) = N(x,y)$.

4. Simplifique la ec. e integre $A'(y)$.

5. La solución general es $F(x,y) = C$.

Ejercicio 2: Resuelva las siguientes ecuaciones diferenciales.

a. $(3x^2 y - 6x)dx + (x^3 + 2y)dy = 0$, $\quad M(x,y) = 3x^2 y - 6x, \quad N(x,y) = x^3 + 2y$.

La ED es exacta $\dfrac{\partial M}{\partial y} = \dfrac{\partial N}{\partial x} = 3x^2$.

La solución es la ec. $F(x,y) = C$ que se obtiene al resolver las sigs. ecuaciones:

$$M = \dfrac{\partial F}{\partial x} = 3x^2 y - 6x \qquad\qquad N = \dfrac{\partial F}{\partial y} = x^3 + 2y$$

Como se integra parcialmente respecto a x, la constante de integración depende de y.

Integre la primera ecuación respecto a x, trate a y como una constante

$$F(x,y) = x^3 y - 3x^2 + A(y)$$

Derive F respecto a la variable y e iguale a $M(x, y)$.

$$\frac{\partial F}{\partial y} = x^3 + A'(y) = x^3 + 2y$$
$$A'(y) = 2y$$
$$A(y) = y^2$$

Combine $A(y)$ con $F(x, y)$ para obtener la solución general $F(x, y) = C$.

$$x^3 y - 3x^2 + y^2 = C$$

Observaciones: la ED también se puede resolver si se empieza integrando la 2da ec.

$$\frac{\partial F}{\partial y} = x^3 + 2y \qquad\qquad F(x, y) = x^3 y + y^2 + B(x)$$
$$\frac{\partial F}{\partial x} = 3x^2 y + B'(x) = 3x^2 y - 6x$$
$$B'(x) = -6x \qquad\qquad B(x) = -3x^2$$
$$F(x, y) = x^3 y + y^2 - 3x^2 = C$$

Note que se obtiene la misma solución sin importar cuál función se integra de primero.

b. $(2x^3 - xy^2 - 2y + 3)dx - (x^2 y + 2x + 2y)dy = 0$.

Verifique que la ED es exacta.

$$\frac{\partial M}{\partial y} = \frac{\partial N}{\partial x} = -2xy - 2$$

Resuelva las ecuaciones $\dfrac{\partial F}{\partial x} = 2x^3 - xy^2 - 2y + 3, \qquad \dfrac{\partial F}{\partial y} = -x^2 y - 2x - 2y$.

Integre F_x respecto a x:	$F(x, y) = 0.5x^4 - 0.5x^2 y^2 - 2yx + 3x + A(y)$
Derive F respecto a y:	$\dfrac{\partial F}{\partial y} = -x^2 y - 2x + A'(y) = -x^2 y - 2x - 2y$
Simplifique:	$A'(y) = -2y$
Integre A' respecto a y:	$A(y) = -y^2$
Solución general:	$F(x, y) = 0.5x^4 - 0.5x^2 y^2 - 2yx + 3x - y^2 = C$

c. $(\cos x \cos y - \cot x)dx + (\sec y - \sin x \sin y)dy = 0$.

Verifique que la ED es exacta.

$$\frac{\partial M}{\partial y} = \frac{\partial N}{\partial x} = -\cos x \sin y$$

Resuelva las ecuaciones $\quad \dfrac{\partial F}{\partial x} = \cos x \cos y - \cot x, \qquad \dfrac{\partial F}{\partial y} = \sec y - \sin x \sin y.$

$$F(x,y) = \sin x \cos y - \ln|\sin x| + A(y)$$
$$\dfrac{\partial F}{\partial y} = -\sin x \sin y + A'(y) = \sec y - \sin x \sin y$$
$$A'(y) = \sec y$$
$$A(y) = \ln|\sec y + \tan y|$$
$$F(x,y) = \sin x \cos y - \ln|\sin x| + \ln|\sec y + \tan y| = C$$

d. $rdx - \dfrac{dy}{y} = 0, \qquad M(x,y) = r, \quad N(x,y) = -y^{-1}$

La ED es separable, pero también es una ED exacta $\quad \dfrac{\partial M}{\partial y} = \dfrac{\partial N}{\partial x} = 0$

$$\dfrac{\partial F}{\partial x} = r \qquad\qquad\qquad F(x,y) = rx + A(y)$$
$$\dfrac{\partial F}{\partial y} = A'(y) = -y^{-1}$$
$$A(y) = -\ln|y|$$
$$F(x,y) = rx - \ln|y| = C$$
$$\ln|y| = rx - C$$
$$y = e^{rx-C} = C_1 e^{rx}$$

Una ecuación diferencial exacta también puede estar en términos de otras variables.

Ejercicio 3: Resuelva la ecuación diferencial.

$$(\sin\theta - 2r\cos^2\theta + 2r)dr + (2r^2\cos\theta\sin\theta + r\cos\theta + \sin\theta)d\theta = 0$$

Verifique que la ED es exacta $\quad M_\theta = N_r$.

$$\dfrac{\partial M}{\partial \theta} = \cos\theta + 4r\cos\theta\sin\theta$$
$$\dfrac{\partial N}{\partial r} = 4r\cos\theta\sin\theta + \cos\theta$$

Resuelva las ecuaciones $\quad \dfrac{\partial F}{\partial r} = M, \quad \dfrac{\partial F}{\partial \theta} = N$

$$F(r,\theta) = r\sin\theta - r^2\cos^2\theta + r^2 + A(\theta)$$
$$\dfrac{\partial F}{\partial \theta} = r\cos\theta + 2r^2\cos\theta\sin\theta + A'(\theta) = 2r^2\cos\theta\sin\theta + r\cos\theta + \sin\theta$$
$$A'(\theta) = \sin\theta$$
$$A(\theta) = -\cos\theta$$

La solución general es la función implícita $\quad F(x,y) = C$.

$$r\sin\theta - r^2\cos^2\theta + r^2 - \cos\theta = C$$

Una ecuación diferencial exacta también puede tener una condición inicial.

Ejercicio 4: Resuelva el problema con valor inicial.

$$(4y + 2t - 5)dt + (6y + 4t - 1)dy = 0, \qquad y(1) = 2$$

Verifique que la ecuación diferencial es exacta $M_y = N_t$.

$$\frac{\partial M}{\partial y} = 4 \qquad\qquad \frac{\partial N}{\partial t} = 4$$

Integre parcialmente las ecuaciones: $\dfrac{\partial F}{\partial t} = M = 4y + 2t - 5$, $\qquad \dfrac{\partial F}{\partial y} = N = 6y + 4t - 1$.

$$F(t, y) = 4yt + t^2 - 5t + A(y)$$
$$\frac{\partial F}{\partial y} = 4t + A'(y) = 6y + 4t - 1$$
$$A'(y) = 6y - 1$$
$$A(y) = 3y^2 - y$$

La solución general es la función implícita $F(x, y) = C$.

$$F(t, y) = 4yt + t^2 - 5t + 3y^2 - y = C$$

La condición inicial $t = 1$ cuando $y = 2$, nos permite encontrar el valor de C.

$$4(2)(1) + (1)^2 - 5(1) + 3(4) - 2 = 21 - 7 = 14 = C$$

La solución particular es la ec. implícita $4yt + t^2 - 5t + 3y^2 - y = 14$.

6. Aplicaciones EDs Exactas (2.4)

ED exactas en tres variables

Una ecuación diferencial (ED) de primer orden puede tener una variable dependiente z y dos independientes x y y.

$$M(x,y,z)\partial x + N(x,y,z)\partial y + P(x,y,z)\partial z = 0$$

Estas ecuaciones diferenciales sólo se pueden resolver para casos especiales

> La ecuación diferencial de primer orden
> $$M(x,y)dx + N(x,y)dy P(x,y)\partial z = 0$$
> es **exacta** si y sólo si
> $$\frac{\partial M}{\partial y} = \frac{\partial N}{\partial x}, \quad \frac{\partial M}{\partial z} = \frac{\partial P}{\partial x}, \quad \frac{\partial N}{\partial z} = \frac{\partial P}{\partial y}.$$

La solución de esta ED exacta es la función implícita en tres variables $F(x,y,z) = k$, la función F satisface las siguientes condiciones:

$$F = \frac{\partial M}{\partial x}, \quad F = \frac{\partial N}{\partial y}, \quad F = \frac{\partial P}{\partial z}$$

Ejercicio 1: Resuelva la ecuación diferencial.

$$(x + y^2)dx + (2xy + e^{3z})dy + (3ye^{3z} + \sin z)dz = 0$$

Verifique que la ED es exacta

$$\frac{\partial M}{\partial y} = \frac{\partial N}{\partial x} = 2y, \quad \frac{\partial M}{\partial z} = \frac{\partial P}{\partial x} = 0, \quad \frac{\partial N}{\partial z} = \frac{\partial P}{\partial y} = 3e^{3z}$$

La solución es la ec. $F(x,y) = C$ que se obtiene al resolver las sigs. ecuaciones:

$$M = \frac{\partial F}{\partial x} = x + y^2, \quad N = \frac{\partial F}{\partial y} = 2xy + e^{3z}, \quad P = \frac{\partial F}{\partial z} = 3ye^{3z} + \sin z$$

Integre F_x a x, trate a y, z como una constante.

Como se integra parcialmente respecto a x, la constante ahora depende de y & z.

$$F(x,y,z) = 0.5x^2 + xy^2 + A(y,z)$$

Derive F respecto a la variable y e iguale a $N(x,y)$.

$$\frac{\partial F}{\partial y} = 2xy + A_y(y,z) = 2xy + e^{3z}$$

$$A_y(y) = e^{3z}$$

$$A(y) = ye^{3z} + B(z)$$

Combine $A(y,z)$ con $F(x,y,z)$ para obtener la solución general $F(x,y) = C$.

$$F(x,y,z) = 0.5x^2 + xy^2 + ye^{3z} + B(z)$$

Derive F respecto a z e iguale a $P(x,y)$.

$$\frac{\partial F}{\partial z} = 3ye^{3z} + B'(z) = 2xy + e^{3z} + 3ye^{3z} + \sin z$$

$$B'(z) = \sin z$$

$$B(z) = -\cos z$$

La solución general es: $\quad 0.5x^2 + xy^2 + ye^{3z} - \cos z = C$.

EDs Exactas y Conservación de la Energía

En un sistema conservativo la energía se mantiene constante en cualquier momento. Si K denota la energía cinética y U la energía potencial,

$$K_1 + U_1 = K_2 + U_2$$

> **Campo Vectorial**
>
> Un campo vectorial es una función vectorial en dos o tres variables.
>
> $$\mathbf{E} = M(x,y)\hat{i} + N(x,y)\hat{j}$$

Un campo vectorial es conservativo si la energía se mantiene constante $f(x,y) = C$, la función f es denotada como el **potencial**.

Derive la función f respecto a t.

$$\frac{df}{dt} = \frac{\partial f}{\partial x}\frac{dx}{dt} + \frac{\partial f}{\partial y}\frac{dx}{dt} = 0$$

$$df = \frac{\partial f}{\partial x}dx + \frac{\partial f}{\partial y}dy = 0$$

Para que la energía se mantenga constante es necesario que el gradiente de la función potencial f sea igual al campo eléctrico, $\nabla f = \mathbf{E}$, se obtienen las siguientes ecuaciones.

$$\frac{\partial f}{\partial x} = M, \qquad\qquad\qquad \frac{\partial f}{\partial y} = N$$

Si la función potencial es continua, sus derivadas parciales cruzadas son continuas por lo que se obtienen las siguientes condiciones:

$$\frac{\partial^2 f}{\partial x \partial y} = \frac{\partial M}{\partial y}$$

$$\frac{\partial^2 f}{\partial y \partial x} = \frac{\partial N}{\partial x}$$

$$M_y = N_x$$

Campo Vectorial Conservativo en $\mathbb{R}^2$

El campo vectorial $\mathbf{E} = M(x,y)\hat{i} + N(x,y)\hat{j}$ es conservativo si y sólo si $\dfrac{\partial M}{\partial y} = \dfrac{\partial M}{\partial x}$.

Un campo vectorial conservativo tiene una función potencial f tal que $\nabla f = \mathbf{E}$

- Las condiciones de un campo vectorial conservativo son las de una ED exacta.
- La función potencial se encuentra utilizando el procedimiento de una ED exacta.

Ejercicio 2: Determine si el campo vectorial dado es conservativos.
Si lo es, encuentre la función potencial.

a. $\mathbf{E}_1 = (x^2 - y)\hat{i} + (y^3 - x)\hat{j}$ El campo es conservativo.

$$\frac{\partial M}{\partial y} = -1 = \frac{\partial N}{\partial x}$$

La función potencial $\nabla f = \mathbf{E}$ satisface las sigs. ecs.

$$\frac{\partial f}{\partial x} = x^2 - y, \qquad\qquad \frac{\partial f}{\partial y} = y^2 - x$$

Integre f_x respecto a x.

$$f(x,y) = \tfrac{1}{3}x^3 - yx + A(y)$$

Derive f respecto a y e iguale a N.

$$f_y(x,y) = -x + A'(y) = y^3 - xA'(y) \qquad\qquad = y^3$$

Integre $A'(y)$ y encuentre la solución general

$$A(y) = \tfrac{1}{4}y^4$$
$$f(x,y) = \tfrac{1}{3}x^3 - yx + \tfrac{1}{4}y^4 + K$$

El valor de constante K se encuentra si se proporciona una condición inicial.

b. $\mathbf{E}_2 = (\sin x - \cos y)\hat{i} + (\tan x - \csc y)\hat{j}$

Este campo no es conservativo.

$$\frac{\partial M}{\partial y} = \sin y \neq \sec^2 x = \frac{\partial N}{\partial x}$$

Este campo eléctrico no tiene una función potencial.

En un campo vectorial de tres dimensiones hay más combinaciones de derivadas parciales cruzadas, por lo que se deben satisfacer más condiciones para que el campo sea conservativo.

> **Campo Vectorial Conservativo en $\mathbb{R}^3$**
>
> El campo vectorial $\mathbf{E} = M(x,y,z)\hat{i} + N(x,y,z)\hat{j} + P(x,y,z)\hat{k}$ es **conservativo** y existe una función potencial $\nabla f = \mathbf{E}$ si y sólo si
>
> $$\frac{\partial M}{\partial y} = \frac{\partial N}{\partial x}, \quad \frac{\partial M}{\partial z} = \frac{\partial P}{\partial x}, \quad \frac{\partial N}{\partial z} = \frac{\partial P}{\partial y}.$$

7. Ecuaciones Diferenciales Homogéneas (2.5)

Funciones Homogéneas

Los polinomios en los que todos los términos son del mismo grado, como
$$x^3 - 3x^2y + 3xy^2 - y^3, \qquad x^4 + y^4 + z^4, \qquad x^3y^2 + 8xy^4,$$
son llamados **homogéneos**.

Este concepto se puede extender para funciones que no son polinomios.

> **Función Homogénea**
>
> Una función $f(x,y)$ es homogénea de grado n en x & y si y sólo si
> $$f(kx, ky) = k^n f(x,y)$$

n es la potencia y k es un factor de escala.
- k^0 es una función homogénea de grado 0 ó constante.
- k^1 es una función homogénea de grado 1 ó lineal.
- k^2 es una función homogénea de grado 2 ó cuadrática.

Ejercicio 1: Determine si las siguientes funciones son homogéneas y su grado

a. $f(x,y) = \dfrac{y^2}{\sqrt{x^4 + y^4}}$ es de grado cero.

$$f(kx, ky) = \frac{k^2 y^2}{\sqrt{k^4 x^4 + k^4 y^4}} = \frac{y^2}{\sqrt{x^4 + y^4}} = k^0 f(x,y)$$

b. $g(x,y) = 2y^3 \cos\left(\dfrac{x}{y}\right)$ es de grado tres.

$$g(kx, ky) = 2k^3 y^3 \cos\left(\frac{kx}{ky}\right) = 2k^3 y^3 \cos\left(\frac{x}{y}\right) = k^3 g(x,y)$$

c. $h(x,y) = \tan x$ no es una función homogénea.
$$h(kx, ky) = \tan(kx) \neq k^n \tan(kx)$$

Propiedades de las funciones homogéneas
- Si $M(x,y)$ y $N(x,y)$ son funciones homogéneas del mismo grado, entonces la función M/N es homogénea de grado cero.
- Si $f(x,y)$ es una función homogénea de grado cero en x & y, entonces $f(x,y)$ es solamente función de y/x, es decir
$$f(x,y) = x^0 f(1, y/x) = g(y/x)$$

Ecuaciones Diferenciales Homogéneas

> La ecuación diferencial de primer orden
> $$N(x,y)dy + M(x,y)dx = 0$$
> es **homogénea** si los coeficientes M y N son funciones homogéneas del mismo grado.

Una ecuación diferencial homogénea se resuelve utilizando propiedades de funciones homogéneas para reescribirla como una ecuación diferencial separable.

Divida la ecuación diferencial por N.
$$dy + \frac{M(x,y)}{N(x,y)}dx = 0$$

La función M/N es homogénea de grado cero y se puede reescribir como función de y/x.
$$dy + g(y/x)dx = 0$$

Introduzca la nueva variable $v = y/x$, $y = vx$.
$$dy + g(v)dx = 0$$

Utilice la regla del producto para escribir dy en términos de v y x
$$dy = xdv + vdx$$
$$xdv + vdx + g(v)dx = 0$$
$$vdx + g(v)dx = -xdv$$
$$-\frac{dx}{x} = \frac{dv}{v + g(v)}$$

La ecuación diferencial es separable y es la solución implícita para la ED se encuentra al integrar cada término respecto a cada variable.

También se puede utilizar la sustitución $x = vy$ y escribir la ED en términos de v & y.

Observación: No es necesario que se memorice la fórmula para resolver una ED homogénea, sólo siga los siguientes pasos.

- Analice si la ED es homogénea.
- Utilice la sustitución $v = y/x$ ó $v = x/y$.
- Exprese la ED en términos de v.
- Resuelva la ED separable.
- Escriba la solución implícita en términos de x & y.

Ejercicio 2: Resuelva las siguientes ecuaciones diferenciales

a. $(x^2 - xy + y^2)dx - xydy = 0$

Los coeficientes de la ecuación diferencial son homogéneas y de grado 2.

Considere la sustitución $y = vx$, $dy = xdv + vdx$.

$$(x^2 - vx^2 + v^2x^2)dx - vx^2(xdv + vdx) = 0$$
$$(x^2 - vx^2)dx - vx^3 dv = 0$$
$$x^2(1-v)dx - vx^3 dv = 0$$

Divida la ED por $(1-v)x^3$ para obtener una ED separable.

$$\frac{x^2}{x^3}dx - \frac{v}{1-v}dv = 0$$
$$\frac{dx}{x} + \left(1 - \frac{1}{1-v}\right)dv = 0$$

Integre ambos términos.

$$\ln|x| + v + \ln|1-v| = c$$
$$\ln|x(1-v)| = c - v$$
$$x(1-v) = e^{c-v} = c_1 e^{-v}$$

Regrese a las variables originales $v = y/x$, la solución es la ecuación implícita.

$$x\left(1 - \frac{y}{x}\right) = c_1 e^{y/x}$$

b. $xydx - (x^2 + 3y^2)dy = 0$

Los coeficientes de la ecuación diferencial son homogéneos y de grado 2.

Utilice la sustitución $y = vx$ $dy = vdx + xdv$.

$$vx^2 dx - (x^2 + 3x^2v^2)(vdx + xdv) = 0$$
$$vx^2 dx - vx^2 dx - x^3 dv - 3x^2v^3 dx - 3x^3v^2 dv = 0$$
$$-3x^2v^3 dx - x^3 dv - 3x^3v^2 dv = 0$$
$$-3x^2v^3 dx - x^3(1 + 3v^2)dv = 0$$

Divida la ED por $-x^3v^3$ para que sea separable.

$$\frac{dx}{x} + \frac{1+3v^2}{v^3}dv = 0$$

$$\frac{3dx}{x} + \left(\frac{1}{v^3} + \frac{3}{v}\right)dv = 0$$

Integre cada término de la ED:

$$3\ln|x| - \frac{1}{2v^2} + 3\ln|v| = c$$

Use $v = y/x$ y regrese a las variables originales.

$$3\ln|x| - \frac{x^2}{2y^2} + 3\ln\left|\frac{y}{x}\right| = c$$

Simplifique la solución

$$3\ln\left|x\frac{y}{x}\right| = c + \frac{x^2}{2y^2}$$

$$\ln|y| = c_1 + \frac{x^2}{6y^2}$$

$$y = c_2 e^{\frac{x^2}{6y^2}}$$

c. $(x\csc(y/x) - y)dx + xdy = 0$

Los coeficientes de la ecuación diferencial son homogéneos y de grado 1.

Utilice la sustitución $y = vx \quad dy = vdx + xdv$.

$$(x\csc v - vx)dx + vxdx + x^2 dv = 0$$

$$x\csc v \, dx + x^2 dv = 0$$

$$\frac{dx}{x} + \frac{dv}{\csc v} = 0$$

Integre la ecuación Diferencial Separable.

$$\int \frac{dx}{x} = -\int \sin v \, dv$$

$$\ln|x| = \cos v + C$$

Use $v = y/x$ y regrese a las variables originales.

$$\int \frac{dx}{x} = -\int \sin v \, dv$$

$$\ln|x| = \cos\left(\frac{y}{x}\right) + C$$

8. Modelos Lineales (3.1)

Crecimiento/decaimiento exponencial

En un modelo de crecimiento exponencial o natural, la razón de cambio de una cantidad en el tiempo, $\dfrac{dy}{dt}$, es proporcional a la cantidad presente y. Este modelo tiene la ED:

$$\frac{dy}{dt} = ry, \qquad y(0) = y_o$$

La constante de proporcionalidad r es la **tasa relativa de crecimiento** y usualmente se expresa como un porcentaje sobre una unidad de tiempo.

Por ejemplo, $r = 0.02$ / mes significa que la cantidad aumenta a una tasa mensual del 2 %.

Este modelo es conveniente para modelar el crecimiento de poblaciones en intervalos de tiempos cortos y tiene la limitación que no incluye otros factores como la migración, la natalidad o la cantidad disponible de recursos.

Resuelva esta ecuación por medio de separación de variables.

$$\frac{dy}{y} = r\,dt$$

$$\int \frac{dy}{y} = \int r\,dt$$

$$\ln y = C_1 + rt$$

$$y = e^{C_1 + rt} = Ce^{rt}$$

Use propiedades de logaritmos: $e^{\ln y} = y$.

Use la condición inicial: $y(0) = y_o$.

$$y(0) = Ce^0 = C = y_0$$

Modelo de Crecimiento Exponencial

La solución de la ecuación diferencial $\quad y'(t) = ry, \quad y(0) = y_o \quad$ es:

$$y = y_0 e^{rt}$$

- **Decaimiento Radioactivo:** la razón de cambio con la que una sustancia se desintegra es proporcional a la cantidad que queda de la sustancia.

$$\frac{dy}{dt} = ry, \qquad y(0) = y_0, \qquad\qquad y = y_0 e^{rt}$$

La constante de desintegración $r < 0$ es negativa.

- **Interés Compuesto Continuamente:** la razón de cambio de una inversión a una tasa anual de interés r compuesto continuamente es proporcional al monto invertido.

$$\frac{dy}{dt} = ry, \qquad y(0) = y_0, \qquad\qquad y = y_0 e^{rt}$$

Ejercicio 1: En 1970, la población en Arlington era de 400 mil personas. Veinte años después la población en esta ciudad aumentó a 600 mil personas. ¿Cuál es la población esperada para el año 2020? Utilice 1970 como el año base.

Utilice el modelo de crecimiento exponencial $\quad y = y_0 e^{rt} = 400 e^{rt}$.

Encuentre la tasa de crecimiento r usando $\quad y(20) = 600$ mil.

Use la condición:	$y(20) = 400 e^{20r} = 600$
Divida por 400:	$e^{20r} = 1.5$
Tome logaritmos:	$20r = \ln 1.5$
Encuentre r:	$r = \dfrac{1}{20} \ln 1.5$
Modelo Poblacional:	$y(t) = 400 e^{t/20 \, \ln 1.5}$
Simplifique:	$y(t) = 400 e^{\ln(1.5) t/20} = 400 \cdot 1.5^{t/20}$

La población esperada para el año 2020 es $y(50)$:

$$y(50) = 400 \cdot 1.5^{2.5} \approx 1{,}102.270 \text{ miles}$$

Para el 2020 se espera que Arlington tenga alrededor de 1.102 millones de habitantes.

Ejercicio 2: Un pedazo de madera o de carbón se puede utilizar para estimar la antigüedad de un sitio arqueológico. Determine la edad de un pedazo de carbón si un 86 % de su cantidad de carbono 14 ha decaído. La vida media del carbono-14 es de 5,730 años.

Encuentre la constante de decaimiento.

$$0.5 y_0 = y_0 e^{5730 k}$$
$$\ln 0.5 = 5730 k$$
$$k = \frac{\ln 0.5}{5730} = -\frac{\ln 2}{5730}$$

Use la condición $y(a) = 0.14 y_0$ y logaritmos para encontrar el tiempo a

$$y_0 e^{ka} = 0.14 y_0$$
$$ka = \ln(0.14)$$
$$a = -5{,}730 \frac{\ln(0.14)}{\ln(2)} \approx 16{,}253$$

La antigüedad del pedazo de carbono y de sitio arqueológico es de aprox. $16{,}253$ años.

Ley de Enfriamiento / Calentamiento de Newton

La temperatura T de un objeto en proceso de enfriamiento cambia a una razón proporcional a la diferencia entre la temperatura del objeto y la temperatura ambiente T_s.

La ecuación diferencial que describe la temperatura del objeto es:

$$\frac{dT}{dt} = k(T - T_s), \qquad T(0) = T_0$$

$k < 0$ es una constante de enfriamiento y T_0 es la temperatura inicial del objeto.

La ED se resuelve utilizando separación de variables.

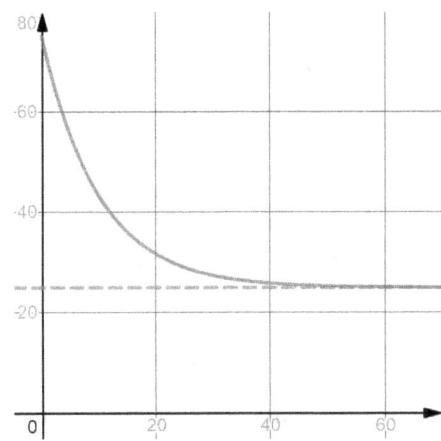

$$\frac{dT}{T - T_s} = k\,dt$$
$$\int \frac{dT}{T - T_s} = \int k\,dt$$
$$\ln|T - T_s| = kt + C_1$$
$$T - T_s = Ce^{kt}$$
$$T = T_s + Ce^{kt}$$

Utilice la condición inicial $T(0) = T_0$ para encontrar el valor de C.

$$T_s + Ce^0 = T_0$$
$$C = T_0 - T_s$$

Ley de Enfriamiento de Newton

La solución de la ecuación diferencial $\dfrac{dT}{dt} = k(T - T_s)$, $T(0) = T_0$ es:

$$T(t) = T_s + (T_0 - T_s)e^{kt}$$

Observaciones:

- Como $k < 0$, la temperatura del objeto se acerca más a la temperatura ambiente, $T \to T_s$, a medida que el tiempo transcurre.

- Si $T_o > T_s$, el objeto se enfría a la temperatura ambiente.

- Si $T_o < T_s$, el objeto aumenta su temperatura a la temperatura ambiente.

Circuitos RL - RC

Considere un circuito cerrado en serie simple que tiene un inductor, un resistor, un capacitor y una fuente de voltaje.

Considere las siguientes unidades físicas.

- $q(t)$ es la carga eléctrica del circuito (en Coulombs).
- $i(t)$ es la corriente del circuito (en Ámperes ó Coulumbs/ segundo).
  La derivada de la carga eléctrica es la corriente $i = \dfrac{dq}{dt}$.
- $V(t)$ es el voltaje de la fuente (en volts ó Joules/ Coulumb).
- C la capacitancia de la batería (en Farads ó Coulumbs / Volt).
- L es la inductancia del conductor (en Henrys ó Volts- segundo/ Ámperes).
- R es la resistencia del circuito (en Ohms ó Volts/ Ampere).

> **Segunda Ley de Kirchhoff**
>
> El voltaje aplicado $V(t)$ a un circuito cerrado debe ser igual a la suma de las caídas del voltaje en el circuito.
>
> La caída del voltaje en cada componente del circuito es:
>
> - **Inductor:** $L\dfrac{di}{dt}$
> - **Resistor:** $;Ri$
> - **Capacitor:** $\dfrac{q}{C}$

El voltaje en todo el circuito satisface la siguiente ecuación diferencial:

$$L\frac{di}{dt} + Ri + \frac{q}{C} = V(t)$$

Esta ED se puede rescribir como una ED lineal de 2do orden en q si $i = \dfrac{dq}{dt}$.

$$L\frac{d^2q}{dt^2} + R\frac{dq}{dt} + \frac{q}{C} = V(t)$$

Una ED lineal de 2do orden se resuelve utilizando el método de la sección 4.1, pero si el circuito no tiene alguno de los componentes eléctricos se puede simplificar a una ED lineal de 1er orden.

Circuito RL: En este circuito cerrado, sólo hay una fuente de $V(t)$ voltios, un resistor de R ohms y un inductor de L henrys.

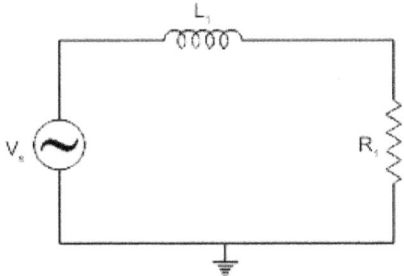

$$L\frac{di}{dt} + Ri = V(t), \qquad i(0) = i_0$$

$$\frac{di}{dt} + \frac{R}{L}i = \frac{V(t)}{L}, \qquad i(0) = i_0$$

La ED es lineal, el factor integrante de la ED es $e^{Rt/L}$.

$$\frac{d}{dt}\left(ie^{Rt/L}\right) = \frac{1}{L}e^{Rt/L}V(t)$$

$$ie^{Rt/L} = \frac{1}{L}\int_0^t e^{Rx/L}V(x)dx + C$$

Encuentre el valor de C usando la condición inicial $i(0) = i_0$: $\quad i_0 = 0 + C$.

Circuito RL

La corriente en un circuito RL con voltaje $V(t)$, resistencia R e inductancia L es:

$$i(t) = i_0 e^{-Rt/L} + \frac{1}{L}e^{-Rt/L}\int_0^t e^{Rx/L}V(x)dx$$

- Si la fuente tiene un voltaje constante, la solución se simplifica a

$$i(t) = \left(i_0 - \frac{V_o}{R}\right)e^{-Rt/L} + \frac{V_o}{R}$$

- A medida que $t \to \infty$, la corriente se acerca al valor constante $\dfrac{V_o}{R}$.

Circuito RC: En este circuito cerrado, sólo hay una fuente de $V(t)$ voltios, un resistor de R ohms y un capacitor de C farads.

$$Ri + \frac{q}{C} = V(t)$$

$$R\frac{dq}{dt} + \frac{q}{C} = V(t), \qquad q(0) = q_0$$

El factor integrante para esta ED es $e^{t/RC}$.

Circuito RC

La corriente en un circuito RC con voltaje $V(t)$, resistencia R y capacitancia C es:

$$q = q_0 e^{-t/RC} + \frac{e^{-t/RC}}{R}\int_0^t V(x)e^{x/RC}dx$$

Ejercicio 3: Una batería de $V = 20$ voltios se conecta a un circuito en serie en el que el inductor es de $L = 0.5$ H y la resistencia es de $R = 10$ Ω. Encuentre la corriente $i(t)$ si la corriente inicial en el circuito es cero.

La ED para este problema es:

$$0.5\frac{di}{dt} + 10i = 20 \qquad\qquad \frac{di}{dt} + 20i = 40$$

La ED lineal se puede resolver usando el factor integrante o separación de variables.

Multiplique la ED por el factor integrante $e^{\int 20 dt} = e^{20t}$.

$$e^{20t}\frac{di}{dt} + 20e^{20t}i = 40e^{20t}$$
$$\left(e^{20t}i\right)' = 40e^{20t}$$
$$e^{20t}i = 2e^{20t} + C$$
$$i = 2 + Ce^{-20t}$$

Utilice la condición inicial $i(0) = 0$ para encontrar el valor de C.

$$i(0) = 2 + C = 0, \qquad C = -2$$

La corriente en el circuito es: $i = 2 - 2e^{-20t}$.

Ejercicio 4: Un circuito cerrado tiene una resistencia de 5 Ω, un capacitor de 10 F y fuente con voltaje $V(t) = 10t$. Encuentre la carga y la corriente del circuito si la carga inicial en el circuito es de 500 Coulumbs.

La ED para este problema es:

$$5i + \frac{q}{10} = 10t$$
$$5q' + \frac{q}{10} = 10t$$
$$q' + \frac{q}{50} = 2t$$

El factor integrante de esta ED lineal es: $e^{t/50}$.

$$\frac{d}{dt}\left(qe^{t/50}\right) = 2te^{t/50}$$
$$qe^{t/50} = \int 2te^{t/50}\, dt$$

La integral del lado derecho se resuelve por medio de integración por partes.

$$\int 2te^{t/50}\, dt = 100te^{t/50} - 100\int e^{t/50}\, dt$$
$$= 100te^{t/50} - 5,000e^{t/50} + C$$

La solución general de la ED es:

$$q(t) = 100t - 5{,}000 + Ce^{-t/50}$$

Utilice la condición inicial $q(0) = 500$ para encontrar el valor de C.

$$q(0) = -5{,}000 + C = 500$$
$$C = 5{,}500$$

La carga eléctrica en el circuito es:

$$q(t) = 100t - 5{,}000 + 5{,}500e^{-t/50}$$

La corriente total en el circuito se obtiene al derivar la carga respecto a t.

$$i(t) = q'(t) = 100 - 110e^{-t/50}$$

Problemas de Mezclas

Al mezclar dos soluciones salinas de distintas concentraciones, surge una ED de 1er orden que define la cantidad de sal contenida en una mezcla. Usualmente la siguiente información es dada y es constante:

- V_o Volumen inicial de la solución en un tanque.

- r_{in} flujo en el que entra una solución al tangue (en volumen/tiempo)

- r_{out} flujo en el que sale la solución del tanque.

- c_{in} concentración de sal (en masa/ volumen) del flujo entrante.

Si $y(t)$ es la cantidad de sal (en masa) en el tanque en el tiempo t, entonces la razón de cambio $\dfrac{dy}{dt}$ es una razón neta entre la cantidad de sal que entra y que sale por unidad de tiempo.

$$\frac{dy}{dt} = Y_{entra} - Y_{sale}$$

La cantidad de sal que entra es el producto de la concentración de sal por el flujo de entrada.

$$Y_{entra} = c_{in}r_{in}$$

La concentración dentro del tanque $c_{out} = y(t)/V(t)$ no se mantiene constante porque la cantidad de sal y el volumen dentro del tanque van cambiando. El flujo neto que entra al tanque es la diferencia $r_{in} - r_{out}$, por lo que $V(t) = (r_{in} - r_{out})t$.

$$Y_{sale} = c_{out}r_{out} = \frac{y(t)r_{out}}{V_0 + (r_{in} - r_{out})t}$$

Sustituyendo las cantidades de sal que entran y salen se obtiene la siguiente ED lineal:

$$\frac{dy}{dt} = c_{in}r_{in} - \frac{r_{out}}{V_0 + (r_{in} - r_{out})t}y$$

Ejercicio 5: *Un tanque de 100 galones, tiene inicialmente 10 libras de sal. Se bombea una solución de 1 lb de sal por galón a un flujo de 5 gal/min y se tiene un flujo de salida de 5 gal/min. Encuentre la cantidad de sal en cualquier momento.*

El volumen del tanque se mantiene constante porque los flujos de entrada y de salida son iguales. Encuentre la cantidad de sal que entra y que sale del tanque a cada minuto.

$$Y_{entra} = c_{in}r_{in} = 1 \cdot 5 = 5 \; lb/min$$

$$Y_{sale} = c_{out}r_{out} = \frac{5y}{100} = \frac{y}{20} \; lb/min$$

La ecuación diferencial para la cantidad de sal en el tanque es:

$$\frac{dy}{dt} = 5 - \frac{y}{20} = \frac{1}{20}\left(100 - y\right), \qquad\qquad y(0) = 10$$

Resuelva por separación de variables

$$\frac{dy}{100 - y} = \frac{1}{20}dt$$
$$-\ln|1000 - y| = \frac{t}{20} + C_1$$
$$100 - y = Ce^{-\frac{t}{20}}$$
$$y = 100 - Ce^{-\frac{t}{20}}$$

Utilice la condición inicial $y(0) = 10$ para encontrar el valor de C.

$$10 = 100 - C \quad\Rightarrow\quad C = 90$$

La cantidad de sal en el tanque es:

$$y = 100 - 90e^{-\frac{t}{20}}$$

Note que a medida que $t \to \infty$, la cantidad de sal en el tanque se acerca a 60, lo cual se debe a que la concentración entrante del tanque es de 1 lib / gal ó de 100 libras por cada 100 galones.

Ejercicio 6: *Considere los datos del ejercicio 5 pero ahora el flujo de salida es de 4 gal/min. Encuentre la cantidad de sal en cualquier momento.*

El flujo neto de entrada del líquido es: $5 - 4 = 1$ gal/min, por lo que $V(t) = 100 + t$.

La cantidad de sal que sale del tanque es:

$$Y_{sale} = c_{out} r_{out} = \frac{4y(t)}{100 + t} \, gal/min$$

La ED resultante es lineal, pero no se puede resolver por separación de variables.

$$\frac{dy}{dt} = 5 - \frac{4y}{100 + t}$$

$$\frac{dy}{dt} + \frac{4y}{100 + t} = 5$$

El factor integrante es: $e^{\int \frac{4dt}{100+t}} = e^{4 \ln|100+t|} = (100 + t)^4$.

$$\frac{d}{dt}\left((100 + t)^4 y\right) = 5(100 + t)^4$$

$$(100 + t)^4 y = \int 5(100 + t)^4 \, dt$$

$$(100 + t)^4 y = (100 + t)^5 + C$$

$$y = (100 + t) + \frac{C}{(100 + t)^4}$$

Encuentre el valor de la constante indeterminada

$$10 = 100 + \frac{C}{100^4}$$

$$-90 = \frac{C}{100^4}$$

$$-9 \cdot 10^9 = C$$

La cantidad de sal en el tanque es igual a:

$$y = (100 + t) - \frac{9 \cdot 10^9}{(100 + t)^4}$$

Como el volumen del líquido continúa aumentando, la cantidad de sal aumenta sin límite, lo cual no es realista porque un tanque tiene un volumen finito.

9. Modelos No Lineales (3.2)

Crecimiento Logístico

El modelo de crecimiento exponencial

$$y = y_o e^{kt}$$

Asume que la tasa relativa de crecimiento $\dfrac{y'}{y}$ es constante:

$$\frac{dy/dt}{y} = k$$

Cuando una población llega a ser lo suficientemente grande, la tasa relativa de crecimiento disminuye por factores como la disponibilidad de alimentos, sobrepoblación, crecimiento económico, transición demográfica, etc.

El modelo logístico asume que la población está limitada a un número máximo M, y que cuando la población se acerca este número, la razón de cambio de la población disminuye $y' \to 0$. El modelo logístico combina el crecimiento exponencial con una población máxima o límite.

En este modelo la tasa instántanea de cambio es proporcional al producto de la población y por la fracción $\dfrac{M-y}{M}$.

Ecuación Diferencial Logística

$$\frac{dy}{dt} = ky\left(\frac{M-y}{M}\right), \qquad y(0) = y_0$$

Observaciones:

- Si $y(t) < M$, entonces $\dfrac{dy}{dt} \approx ky$ hay un crecimiento exponencial.

- Si $y(t) \to M$, entonces $\dfrac{dy}{dt} \approx 0$ el crecimiento se estanca.

- Si $y(t) > M$, entonces $\dfrac{dy}{dt} < 0$, la población disminuye a M.

Solución de la Ecuación Diferencial Logística

Utilice separación de variables.

$$\frac{M\,dy}{y(M-y)} = k\,dt$$

$$\int \frac{M\,dy}{y(M-y)} = kt + C_1$$

La integral en y se resuelve por medio de fracciones parciales.

$$\frac{M}{y(M-y)} = \frac{A}{y} + \frac{B}{M-y}$$

$$M = A(M-y) + By$$

El denominador tiene ceros en 0 y en M

Evalúe en $y = 0$:	$M = AM + 0$	$A = 1$
Evalúe en $y = M$:	$M = 0 + BM$	$B = 1$

Integre la función y simplifique

$$\int \frac{M\,dy}{y(M-y)}\,dy = \int \frac{dy}{y} + \int \frac{dy}{M-y}$$

$$= \ln|y| - \ln|M-y|$$

$$= \ln\left|\frac{y}{M-y}\right|$$

Resuelva para $y(t)$, utilice propiedades de funciones exponenciales $e^{\ln u} = u$.

$$\ln\left|\frac{y}{M-y}\right| = kt + C_1$$

$$\frac{y}{M-y} = e^{C_1+kt} = Ce^{kt} \tag{1}$$

$$y = CMe^{kt} - yCe^{kt}$$

$$y(1 + Ce^{kt}) = CMe^{kt}$$

$$y(t) = \frac{CMe^{kt}}{1 + Ce^{kt}} \tag{2}$$

Utilice la condición inicial $y(0) = y_0$, sustituya en la ecuación (1) para encontrar que

$$\frac{y_0}{M - y_0} = C$$

La solución del modelo logístico es:

$$y(t) = \frac{\frac{y_0 M}{M-y_0}e^{kt}}{1 + \frac{y_0}{M-y_0}e^{kt}} = \frac{My_0 e^{kt}}{M - y_0 + y_0 e^{kt}}$$

Modelo Poblacional Logístico

La solución de la ecuación diferencial $\dfrac{dy}{dt} = ky\left(\dfrac{M-y}{M}\right)$, $y(0) = y_0$ es

$$y(t) = \dfrac{My_0 e^{kt}}{(M - y_0) + y_0 e^{kt}}$$

Observaciones:

- $y(0) = \dfrac{My_0}{M - y_0 + y_0} = \dfrac{My_0}{M} = y_0$

- La ecuación logística tiene dos asíntotas horizontales en $y = 0$ & en $y = M$

$$\lim_{t \to \infty} \dfrac{My_0 e^{kt}}{M - y_0 + y_0 e^{kt}} \overset{LH}{=} \lim_{t \to \infty} \dfrac{kMy_0 e^{kt}}{ky_0 e^{kt}} = \lim_{t \to \infty} \dfrac{kMy_0}{ky_0} = M$$

$$\lim_{t \to -\infty} \dfrac{My_0 e^{kt}}{M - y_0 + y_0 e^{kt}} = \dfrac{0}{M - y_0 + 0} = 0$$

- La gráfica de la ecuación logística tiene una forma de una "S alargada."

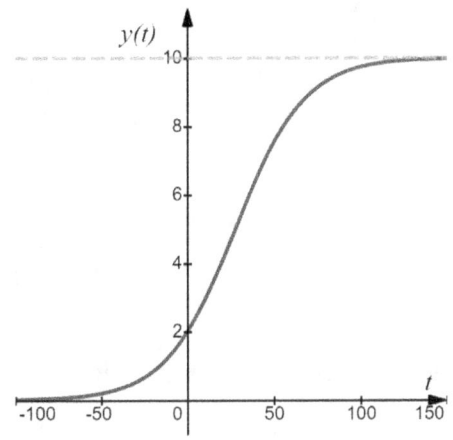

Curva Logística para $y_0 = 2$, $k = 5\%$, $M = 10$

Función Logística Verhulst- Pearl

Si se divide esta ecuación por $y_0 e^{kt}$, la ecuación logística se reescribe como:

$$y(t) = \dfrac{M}{1 + be^{-kt}},$$

donde $b = \dfrac{M - y_0}{y_0}$.

Ejercicio 1: *La población de Kiribati sigue un crecimiento logístico y está limitada a 200 mil habitantes. En 1990, la población era de 40 mil y en 2000 la población fue de 80 mil.*

a. Encuentre la ecuación que describe la población de Kiribati.

   La ecuación diferencial que modela la población es:

   $$\frac{dy}{dt} = ky\left(\frac{200-y}{200}\right), \qquad y(0) = 40$$

   El año base $(t=0)$ es 1990.

   La solución de esta ecuación diferencial es la función logística.

   $$y(t) = \frac{200(40)e^{kt}}{200 - 40 + 40e^{kt}} = \frac{200e^{kt}}{4 + e^{kt}}$$

b. Encuentre la tasa relativa de crecimiento k, sabiendo que en el año 2,000 la polación fue de 80 mil.

   Utilice $y(10) = 80$ para encontrar la tasa relativa de crecimiento.

   $$y(10) = \frac{200e^{10k}}{4 + e^{10k}} = 80$$
   $$200e^{10k} = 320 + 80e^{10k}$$
   $$120e^{10k} = 320$$
   $$e^{10k} = \frac{32}{12}$$
   $$k = \frac{1}{10}\ln\left(\frac{8}{3}\right) \approx 0.0981$$

c. Utilice este modelo para estimar la población de Kiribati en el año 2020.

   La población en el año 2020 es $y(30)$.

   $$y(30) = \frac{200e^{0.0981(30)}}{4 + e^{0.0981(30)}} = \frac{200 \cdot 18.9726}{4 + 18.9726} \approx 200 \cdot 0.82588 \approx 165.17$$

   La población de Kiribati en el año 2010 fue de 128 mil habitantes.

Difusión de un rumor

Sea $y(t)$ el número de personas que conocen el rumor en el tiempo t en un población de tamaño M. Quienes conocen el rumor lo difunden de manera aleatoria entre la población y quienes escuchan el rumor se convierten en difusores del rumor. Cada persona que conoce el rumor lo comunica a k individuos por unidad de tiempo. El número de personas que oyen el rumor en cada tiempo es de yk y la proporción de personas que conoce el rumor es la fracción $\frac{M-y}{M}$. La razón de cambio de los nuevos conocedores del rumor es:

$$\frac{dy}{dt} = ky\left(\frac{M-y}{M}\right), \qquad y(0) = y_o$$

el cual es un modelo logístico. La solución del modelo logístico es:

$$y = \frac{My_0 e^{kt}}{(M - y_0) + y_0 e^{kt}} = \frac{My_0}{(M - y_0)e^{-kt} + y_0}$$

Con este modelo se puede analizar cómo se difunde una moda o un rumor en una población.

Ejercicio 2: Una universidad tiene 45,000 estudiantes. Inicialmente, 300 personas conocen el rumor, después de un día 2,700 lo conocen.

a. Encuentre la ecuación que describe cuántas personas conocen el rumor a los t días.

La ecuación diferencial logística describe cómo se difunde el rumor.

$$\frac{dy}{dt} = ky\left(\frac{45,000-y}{45000}\right), \qquad y(0) = 300$$

$$y(t) = \frac{45,000(300)e^{kt}}{45,000 - 300 + 300e^{kt}} = \frac{45,000 e^{kt}}{149 + e^{kt}}$$

Use $y(1) = 2,700$ para encontrar la tasa relativa de crecimiento k.

$$y(1) = \frac{45,000 e^k}{149 + e^k} = 2,700$$

$$45,000 e^k = 402,300 + 2,700 e^k$$

$$42,300 e^k = 402,300$$

$$e^k = \frac{447}{47}$$

$$k = \ln\left(\frac{447}{47}\right) \approx 2.2524$$

b. ¿Cuántas personas conocen el rumor después de 3 días?

$$y(3) = \frac{45,000 e^{3(2.2524)}}{149 + e^{3(2.2524)}} = 45,000 \frac{860.2585}{149 + 860.2585} \approx 38,357$$

A las 3 semanas, 38,357 personas (un 85 %) conocen el rumor.

Modificaciones de la ecuación logística

En la ED logística se puede considerar el efecto de una tasa constante de migración h.

$$\text{Immigración} \qquad \frac{dP}{dt} = P(a - bP) + h$$

$$\text{Emigración} \qquad \frac{dP}{dt} = P(a - bP) - h$$

Estos modelos también se pueden utilizar para analizar la población de un animal que se recolecta, como peces o ganado, a una tasa h.

Estas ecuaciones diferenciales se resuelven por medio de integración de fracciones parciales, pueden tener dos términos lineales o un término cuadrático irreducible.

Ejercicio 3: *Una pesquera recoleta peces a una tasa de $h = 6$ mil peces/mes, la ED que describe la población $P(t)$ de peces es:*

$$\frac{dP}{dt} = P(a - bP) - h, \qquad P(0) = 2.5 \qquad a = 5,\ b = 1,\ h = 6$$

Resuelva la ecuación diferencial.

Sustituya los valores de a, b y h y simplifique el lado derecho.

$$P(5 - P) - 6 = -(P^2 - 5P + 6) = -(P - 3)(P - 2)$$

Reescriba la fracción en términos de sus fracciones parciales.

$$\frac{-1}{(P - 2)(P - 3)} = \frac{1}{P - 2} - \frac{1}{P - 3}$$

Integre utilizando separación de variables.

$$\int \left(\frac{1}{P - 2} - \frac{1}{P - 3} \right) dP = \ln(P - 2) - \ln(P - 3) = t + C_1$$

$$\ln\left(\frac{P - 2}{P - 3} \right) = t + C_1$$

$$\frac{P - 2}{P - 3} = Ce^t$$

Use la condición inicial $P(0) = 2.5$ para encontrar el valor de C.

$$\frac{0.5}{-0.5} = Ce^0, \qquad \Rightarrow \qquad C = -1$$

Resuelva para $P(t)$

$$\frac{P - 2}{P - 3} = -e^t$$

$$P - 2 = -Pe^t + 3e^t$$

$$P + Pe^t = 2 + 3e^t$$

$$P = \frac{2 + 3e^t}{1 + e^t}$$

Observaciones:

- A medida que $t \to \infty$, la población de peces se acerca a 3000.
- La solución es una curva logística con asíntotas horizontales en $P = 2$ y $P = 3$.
- Si la población inicial de peces es menor a 2,000 va a haber "sobrepesca" y la población de peces eventualmente se va a extinguir.

La ecuación logística tiene variaciones adicionales como una función de migración exponencial he^{-kP} o una dependencia logarítmica en la población.

$$\text{Migración Exponencial} \qquad \frac{dP}{dt} = P(a - bP) - he^{-kP}$$

$$\text{Modelo de Gompertz} \qquad \frac{dP}{dt} = P(a - b\ln P)$$

El primer modelo sólo se puede resolver con un método numérico y el modelo de Gompertz se puede simplificar a un modelo exponencial si se utiliza la sustitución.

$$P = e^Q \qquad\qquad \ln P = Q$$
$$\frac{dP}{dt} = e^Q \frac{dQ}{dt}$$
$$e^Q \frac{dQ}{dt} = e^Q(a - bQ)$$
$$\frac{dQ}{dt} = (a - bQ)$$

Reacciones Químicas

Los químicos A y B se utilizan para elaborar un químico X.

El químico X tiene M partes de A y N partes de B.

Después de cada reacción, las cantidades restantes del químico A y del B son:

$$a - \frac{M}{M+N}x, \qquad b - \frac{N}{M+N}x$$

La tasa de reacción es proporcional al producto de las cantidades restantes de A y B.

$$\frac{dx}{dt} = k\left(a - \frac{M}{M+N}x\right)\left(b - \frac{N}{M+N}x\right)$$

Reescriba todas las constantes en términos de sólo tres constantes.

$$\alpha = \frac{a(M+N)}{M}, \qquad \beta = \frac{b(M+N)}{N}, \qquad r = \frac{k}{ab}$$

para obtener la siguiente ecuación diferencial con dos términos lineales.

$$\frac{dx}{dt} = r\,(\alpha - x)(\beta - x)$$

Esta ED se resuelve con separación de variables y utilizando fracciones parciales.

$$\frac{1}{(\alpha - x)(\beta - x)} = \frac{1}{(\beta - \alpha)}\left[\frac{1}{\alpha - x} - \frac{1}{\beta - x}\right]$$

La cantidad final del químico X depende de las cantidades iniciales relativas entre los químicos A y B. En la mayoría de casos siempre va a haber un sobrante del químico A o del químico B.

10. Teoría Preliminar Ecuaciones Lineales (4.1)

ED lineal de n-ésimo orden

En una ecuación diferencial lineal de n-ésimo orden tiene la forma:

$$a_n(x)\frac{d^n y}{dx^n} + a_{n-1}(x)\frac{d^{n-1} y}{dx^{n-1}} + \cdots + a_1(x)\frac{dy}{dx} + a_o(x)y = g(x)$$

las funciones coeficiente que acompañan a cada derivada sólo dependen de x.

Un problema de valor inicial (PVI) de una ED lineal tiene n condiciones en cada una de sus derivadas en un mismo punto $x = x_0$.

$$y(x_0) = y_0, \qquad y'(x_0) = y_1, \qquad \cdots \qquad y^{(n-1)}(x_0) = y_n$$

Para que exista una solución única al PVI es necesario que las funciones coeficientes sean continuas en un intervalo alrededor de x_0.

EDs Lineales Homogéneas

Una ecuación diferencial lineal de n-ésimo orden es:

- **homogénea:** cuando $g(x) = 0$.
- **inhomogénea:** cuando $g(x) \neq 0$.

Las ecuaciones diferenciales lineales homogéneas tienen varias propiedades que permiten encontrar sus soluciones generales con más facilidad.

Propiedades EDs Homogéneas

- La solución trivial, $y = 0$, es una solución de la ED.

- Si y es una solución de la ED homogénea, entonces cy también es una solución.

- **Principio de Superposición:** si $y_1, y_2, \cdots, y_k$ son soluciones de la ED, entonces la combinación lineal

$$y = c_1 y_1 + c_2 y_2 + \cdots + c_k y_k$$

también es una solución de la ED.

Dependencia Lineal (DL) entre Funciones

Una ED lineal puede tener como solución a varias funciones, es importante que estas funciones no sean múltiplos de las otras funciones para no tener soluciones repetidas y tener todas las soluciones posibles. Extienda el concepto de IL a un conjunto de funciones.

> **Dependencia e Independencia Lineal**
>
> Un conjunto de funciones $\{f_1(x), f_2(x), \cdots, f_n(x)\}$ es **Linealmente Dependiente (LD)** en un intervalo I si existen constantes $c_1, c_2, \cdots, c_n$, no todas cero, tales que:
>
> $$c_1 f_1(x) + c_2 f_2(x) + \cdots c_n f_n(x) = 0$$
>
> Si el conjunto de funciones no es LD, entonces es **Linealmente Independiente (LI)**.

- Dos funciones son linealmente independientes si ninguna es múltiplo constante de la otra, es decir si $f_1(x) \neq k f_2(x)$.

- El conjunto de funciones es L.I. si las únicas constantes para las que se obtiene la combinación lineal (CL) trivial son $c_1 = c_2 = \cdots c_n = 0$.

Ejemplos de funciones que son L.D.

- $\cos^2 x,\ \sin^2 x,\ 1$ son L.D. porque $\cos^2 x + \sin^2 x = 1$ y la CL es igual a cero cuando
$$1 \cdot \cos^2 x + 1 \cdot \sin^2 x - 1 \cdot 1 = 0$$

- $\sqrt{x} + 5,\ \sqrt{x} - 5x,\ x+1,\ x^2$
$$1(\sqrt{x} + 5) - 1(\sqrt{x} - 5x) - 5(x-1) + 0x^2 = 0$$

En la mayoría de casos es difícil encontrar una CL no trivial o comprobar que sólo existe una CL trivial para la función cero.

Si las funciones son diferenciables, se puede construir un sistema de ecuaciones $n \times n$ que permita analizar la independencia lineal. Derive la ecuación de la combinación lineal dos veces para obtener el siguiente sistema de ecuaciones:

$$c_1 f_1(x) + c_2 f_2(x) + c_3 f_3(x) = 0$$
$$c_1 f_1'(x) + c_2 f_2'(x) + c_3 f_3'(x) = 0$$
$$c_1 f_1''(x) + c_2 f_2''(x) + c_3 f_3''(x) = 0$$

La forma matricial del sistema es:

$$W\mathbf{c} = \mathbf{0} \qquad W = \begin{bmatrix} f_1 & f_2 & f_3 \\ f_1' & f_2' & f_3' \\ f_1'' & f_2'' & f_3'' \end{bmatrix} \qquad \mathbf{c} = \begin{bmatrix} c_1 \\ c_2 \\ c_3 \end{bmatrix}$$

El sistema es L.I. si tiene solución única, y hay una solución única si el determinante de la matriz W es diferente de cero (la matriz W es invertible).

El determinante de la matriz que contiene las derivadas de las funciones, conocido como **Wronskiano**, nos proporciona un criterio para analizar independencia lineal.

> **Criterio para funciones linealmente independientes**
>
> El conjunto de funciones $\{f_1(x), f_2(x), f_3(x), \cdots, f_n(x)\}$ es LI en un intervalo I si y sólo si el Wronskiano es diferente de cero en I.
>
> $$W(x) = \begin{vmatrix} f_1 & f_2 & \cdots & f_n \\ f_1' & f_2' & \cdots & f_n' \\ \vdots & \vdots & \vdots & \vdots \\ f_1^{n-1} & f_2^{n-1} & \cdots & f_n^{n-1} \end{vmatrix}$$
>
> El Wronskiano es el determinante de la matriz $W(x)$.

Para poder calcular el Wronskiano, cada una de las n funciones $f_1(x), f_2(x), \cdots f_n(x)$ debe tener al menos n-1 derivadas.

Ejercicio 1: Analice si el conjunto dado de funciones es linealmente independiente.

a. $\{e^x, \sin x, \cos x\}$

Calcule el Wronskiano para analizar si las tres funciones son L.I.

$$|W| = \begin{vmatrix} e^x & \sin x & \cos x \\ e^x & \cos x & -\sin x \\ e^x & -\sin x & -\cos x \end{vmatrix}$$
$$= e^x(-\cos^2 x - \sin^2 x) - e^x(-\sin x \cos x + \sin x \cos x) + e^x(-\sin^2 x - \cos^2 x)$$
$$= -e^x - 0e^x - e^x = -2e^x \neq 0$$

Como el Wronskiano no es igual a cero, las tres funciones **son L.I**.

b. $\{t^2, 2t, t^2 - t\}$

Calcule el Wronskiano para analizar si las tres funciones son L.I.

$$|W| = \begin{vmatrix} t^2 & 2t & t^2 - t \\ 2t & 2 & 2t - 1 \\ 2 & 0 & 2 \end{vmatrix} = 2\begin{vmatrix} 2t & t^2 - t \\ 2 & 2t - 1 \end{vmatrix} + 2\begin{vmatrix} t^2 & 2t \\ 2t & 2 \end{vmatrix}$$
$$= 8t^2 - 4t - 4t^2 + 4t + 4t^2 - 8t^2 = 4t^2 - 4t^2 = 0$$

Como el Wronskiano es igual a cero, las tres funciones **son L.D**.

Conjunto Fundamental de Soluciones

En una ED lineal de orden n, se tienen exactamente n soluciones linealmente independientes. Estas n soluciones nos permiten construir la solución general fundamental de una ED lineal.

> **Conjunto fundamental y solución general**
>
> - El **conjunto fundamental de soluciones** de una ED lineal de orden n es cualquier conjunto de n funciones solución linealmente independientes.
>
> - **Teorema:** La solución general de una ED lineal de orden n es la CL de todas las funciones del conjunto solución.
>
> $$y = c_1 f_1(x) + c_2 f_2(x) + \cdots + c_n f_n(x)$$

Observaciones:

- Si hay menos funciones que el orden de la ED lineal, la solución está incompleta.

- Por ejemplo, si en una ED lineal de tercer orden sólo hay dos soluciones, entonces falta encontrar una función solución adicional.

- No pueden haber más funciones que el orden de la ED lineal porque se tendría dependencia lineal. En este caso es necesario descartar función solución que sean LD.

- Una ED lineal de orden n tiene n constantes arbitrarias, una para cada función solución.

Ejercicio 2: *Analice si el conjunto de funciones dado es un conjunto fundamental de soluciones para la ED lineal dada.*

a. $y_1 = e^{3x}$, $y_2 = e^{-3x}$, $y_3 = 2\cosh 3x$ para la ED $y'' - 9y = 0$.

- Puede comprobar que las tres funciones satisfacen la ED.
- Como la ED es de segundo orden, sólo puede tener hasta 2 funciones L.I.
- Como el conjunto solución tiene 3 funciones, por lo que **NO ES** un conjunto fundamental de soluciones de la ED.
- Note que el conjunto es LD porque $y_3 = 2\cosh 3x = e^{3x} + e^{-3x}$.

Observaciones:

Para obtener una solución fundamental para esta ED se necesitan sólo dos funciones LI, $y_1 = e^{3x}$, $y_2 = e^{-3x}$, por lo que la solución general para esta ED es:

$$y_1 = c_1 e^{3x} + c_2 e^{-3x}$$

La solución fundamental no es única, otra solución general para esta ED es:
$$y_1 = c_1 \sinh(3x) + c_2 \cosh(3x)$$

b. $y_1 = e^{-x}$, $y_2 = e^x$, $y_3 = e^{2x}$ para la ED $y''' - 2y'' - y' + 2y = 0$.

- Puede comprobar que las tres funciones satisfacen la ED.
- Una ED de 3er orden tiene exactamente 3 funciones en su conjunto fundamental.
- Calcule el Wronskiano para analizar si las tres funciones son L.I.

$$|W| = \begin{vmatrix} e^{-x} & e^x & e^{2x} \\ -e^{-x} & e^x & 2e^{2x} \\ e^{-x} & e^x & 4e^{2x} \end{vmatrix} = 2e^{2x} + 3e^{2x} + e^{2x} = 6e^{2x} \neq 0$$

Como el Wronskiano no es igual a a cero las tres funciones son L.I. y el conjunto es un conjunto fundamental de soluciones para la ED. La solución general de la ED es:
$$y = c_1 e^{-x} + c_2 e^x + c_3 e^{2x}$$

Existencia de una solución única

Para que exista una solución única al PVI es necesario que las funciones coeficientes sean continuas en un intervalo alrededor de x_0.

Existencia de una solución

Existe una solución única para el PVI alrededor de $x = x_0$ si todos las funciones coeficientes $a_n(x), \cdots a_1(x), a_0(x)$ son continuas en un intervalo I alrededor de x_0 y si el coeficiente principal $a_n(x) \neq 0$ en el intervalo I.

Ejercicio 3: Encuentre un intervalo centrado en $x = 0$ para el cual el PVI lineal tiene solución única.

a. $(x-6)y'' - 8e^x y = \sin x$, $y(0) = 0$, $y'(0) = 3$.

Cada una de las funciones coeficientes es continua para cualquier real, pero el coeficiente principal $a_2 = x - 6 = 0$ cuando $x = 6$. No se garantiza una solución única en $x = 6$.

La solución única del PVI está garantizada en el intervalo $-6 < x < 6$.

b. $y''' + \ln(25 - x^2)y' + x^3 y = \sin x$, $y(0) = 2$, $y'(0) = 3$, $y''(0) = -1$.

La función coeficiente $a_1 = \ln(25 - x^2)$ es continua sólo en $-5 < x < 5$.

La solución única del PVI está garantizada en el intervalo $(-5, 5)$.

11. Reducción de Orden (4.2)

La solución general de una ecuación lineal homogénea de 2ndo orden es:

$$a_2(x)\frac{d^2y}{dx^2} + a_1(x)\frac{dy}{dx} + a_o(x)y = 0$$

es $y = c_1y_1 + c_2y_2$, donde y_1, y_2 son funciones LI.

En algunos casos, sólo se puede encontrar una sola solución de la ED.

La segunda solución se puede encontrar por medio del método de reducción de orden. La idea de este método es que si se conoce una solución y_1, la ED se puede reducir a una ED de primer orden.

Como ambas soluciones tienen que ser LI, y_2 no puede ser múltiplo escalar de y_1, por lo que podemos asumir que la segunda solución tiene la forma $y_2 = u(x)y_1$.

Objetivo: Encuentre la función $u(x)$ al sustituir $y_2 = uy_1$ en la ED.

Ejercicio 1: La ED $y'' - 6y' + 9y = 0$ tiene como solución a la función $y_1 = e^{3x}$. Utilice reducción de orden para encontrar la segunda solución y_2 y la solución general de la ED.

Sea $y_2 = u(x)e^{3x}$, las primeras dos derivadas de y_2 son:

$$y_2' = u'e^{3x} + 3ue^{3x}$$
$$y_2'' = u''e^{3x} + 3u'e^{3x} + 3u'e^{3x} + 9ue^{3x}$$
$$y_2'' = u''e^{3x} + 6u'e^{3x} + 9ue^{3x}$$

Sustituya cada derivada en la ED y simplifique.

$$u''e^{3x} + 6u'e^{3x} + 9ue^{3x} - 6u'e^{3x} - 18ue^{3x} + 9ue^{3x} = 0$$
$$u''e^{3x} = 0, \qquad u''(x) = 0$$

Integre la ED $u'' = 0$ dos veces $u = a_1x + a_2$.
Por simplicidad escoja $a_1 = 1$, $a_2 = 0$, la segunda solución es $y = xe^{3x}$.

La solución general de la ED es: $y = c_1e^{3x} + c_2xe^{3x}$.

Utilizando el Wronskiano se comprueba que ambas soluciones son LI.

$$|W| = \begin{vmatrix} e^{3x} & xe^{3x} \\ 3e^{3x} & e^{3x} + 3xe^{3x} \end{vmatrix} = e^{6x} \neq 0$$

Caso General del Método de Reducción de Orden

Utilice la forma estándar de la ED lineal de segundo orden.

$$y'' + P(x)y' + Q(x)y = 0$$

Si se conoce una solución y_1, para que la segunda solución sea LI, y_2 no tiene que ser múltiplo de escalar de y_1. Asuma que $y_2 = u(x)y_1$.

Utilice la regla del producto y encuentre las derivadas de y_2.

$$y_2' = uy_1' + u_1'y$$
$$y_2'' = u''y_1 + 2uy_1' + uy_1''$$

Reemplace las derivadas en la ED y simplique la ED.

$$u''y_1 + 2u'y_1' + uy_1'' + Puy_1' + Pu_1'y + Quy_1 = 0$$
$$u(y_1'' + Py_1' + +Qy_1) + u''y_1 + 2u'y_1' + Pu'y_1 = 0$$
$$u''y_1 + u'(2y_1' + Pu'y_1) = 0$$
$$u'' + u'\left(2\frac{y_1'}{y_1} + P\right) = 0$$

Utilice la sustitución $z = u'$ para encontrar que la ED es lineal y de primer orden.

$$z' + z\left(2\frac{y_1'}{y_1} + P\right) = 0$$

El factor integrante $v(x)$ en este caso es:

$$\int r(x)\,dx = \int \left(2\frac{y_1'}{y_1} + P\right) = 2\ln y_1 + \int P(x)dx$$
$$v(x) = e^{\int r(x)\,dx} = e^{2\ln y_1 + \int P(x)dx} = y_1^2 e^{\int P(x)dx}$$

Multiplique la ED por el factor integrante y utilice la regla del producto.

$$\left(y_1^2 e^{\int P(x)dx} z\right)' = 0$$
$$y_1^2 e^{\int P(x)dx} z = c$$
$$z = cy_1^{-2} e^{-\int P(x)dx}$$

Integre $z = u'$ respecto a x para obtener la función $u(x)$.

$$u(x) = \int y_1^{-2} e^{-\int P(x)dx} dx$$

Forma de la segunda solución usando Reducción de Orden

Para la ED lineal en 2 orden, si se conoce una solución y_1, la segunda y_2 es igual a

$$y_2 = uy_1 = y_1 \int y_1^{-2} e^{-\int P(x)dx} dx$$

Observaciones:

- Para encontrar y_2 se pueden omitir las constantes arbitrarias de integración, asuma que $c = 1$.
- Es preferible asumir que $y_2 = y_1 u$, derivar, sustituir y simplificar la ecuación diferencial que memorizarse la fórmula.
- Para utilizar reducción de orden, escriba la ED lineal en su forma estándar.

Ejercicio 2: Dada la ED y una solución, encuentre la segunda solución y la solución general.

a. $x^2 y'' - 7xy' + 16y = 0, \qquad y_1 = x^4$

La forma estándar de la ED es: $\quad y'' - \dfrac{7}{x} y' + \dfrac{16}{x^2} y = 0, \;$ en este caso $P(x) = -\dfrac{7}{x}$.

El factor integrante es:

$$-\int P(x)dx = 7 \int \frac{1}{x} = 7 \ln x = \ln x^7$$
$$e^{-\int P(x)dx} = e^{\ln x^7} = x^7$$

Integre para encontrar la función $u(x)$

$$u(x) = \int \frac{e^{-\int P(x)dx}}{y_1^2} \, dx = \int \frac{x^7}{x^8}\, dx$$
$$u(x) = \int \frac{1}{x}\, dx = \ln x$$

La segunda solución de la ED es: $\quad y_2 = y_1 u(x) = x^4 \ln x$.

La solución general de la ED es: $\quad y = c_1 x^4 + c_2 x^4 \ln x$.

b. $xy'' + y' = 0, \qquad y_1 = \ln x$

Forma Estándar: $\qquad y'' + \dfrac{y'}{x} = 0$

Factor Integrante: $\qquad e^{-\int P(x)dx} = e^{-\int x^{-1}dx} = e^{-\ln x} = \dfrac{1}{x}$

Función $u(x)$: $\qquad u(x) = \displaystyle\int \dfrac{e^{-\int P(x)dx}}{y_1^2}\, dx = \int \dfrac{1}{x(\ln x)^2}\, dx$

La integral resultante se resuelve con la sustitución $\; v = \ln x, \; dv = x^{-1} dx$

Integre: $\qquad \displaystyle\int \dfrac{1}{x(\ln x)^2}\, dx = \int \dfrac{1}{v^2} dv = -\dfrac{1}{v} = \dfrac{-1}{\ln x}$

2da solución: $\qquad y_2 = u(x) y_1 = -\dfrac{\ln x}{\ln x} = -1$

La solución general de esta ED es: $\; y = c_1 \ln x - c_2$.

12. Ecuaciones Diferenciales Lineales Homogéneas (4.3)

La ED lineal de 1er orden $y' + ry = 0$ tiene como solución a la exponencial $y = ce^{-rx}$.

La función exponencial se puede utilizar para encontrar la solución de una ED lineal de 2do orden y hasta de n-ésimo orden.

ED lineal homogénea de 2do orden

Para la ED lineal homogénea de 2do orden con coeficientes constantes

$$a\frac{d^2y}{dx^2} + b\frac{dy}{dx} + cy = 0,$$

asuma que la solución es la función exponencial $y = e^{mx}$.

Sustituya y, $y' = me^{mx}$ & $y'' = m^2 e^{mx}$ en la ED

$$am^2 e^{mx} + bme^{mx} + ce^{mx} = e^{mx}(am^2 + bm + c) = 0$$

Como $e^{mx} \neq 0$, la ED se satisface sólo cuando m es una raíz de la ec. cuadrática, denotada como **ecuación auxiliar**:

$$am^2 + bm + c = 0.$$

Las dos raíces de esta ec. son: $m_{1,2} = \dfrac{-b \pm \sqrt{b^2 - 4ac}}{2a}$.

Hay tres formas de la solución general las cuales dependen de si las raíces son distintas, repetidas o complejas.

- **Caso 1. Raíces Reales Distintas:** ocurren cuando $b^2 > 4ac$.

    Se tienen dos soluciones LI y la solución general es:
    $$y = c_1 e^{m_1 x} + c_2 e^{m_2 x}$$

- **Caso 2. Raíces Reales Repetidas:** ocurren cuando $b^2 = 4ac$.

    Sólo hay una raíz $m = -\dfrac{b}{2a}$ y una función solución $y_1 = e^{-bx/2a}$.

    Para encontrar la segunda solución se utiliza reducción de orden.
    $$y_2 = y_1 \int \frac{e^{-\int P(x)dx}}{y_1^2} \, dx = e^{-bx/2a} \int \frac{e^{-bx/a}}{e^{-bx/a}} \, dx = xe^{-bx/2a}$$

    La solución general es:
    $$y = c_1 e^{mx} + c_2 x e^{mx}$$

- **Caso 3. Raíces Complejas Conjugadas:** ocurren cuando $b^2 < 4ac$.

En este caso las raíces son $m_{1,2} = \dfrac{-b \pm i\sqrt{4ac - b^2}}{2a} = \alpha + i\beta$.

La solución general es similar al caso de raíces reales distintas.

$$y = c_1 e^{(\alpha + i\beta)x} + c_2 e^{(\alpha - i\beta)x}$$

Para que la solución tenga funciones reales en vez de exponenciales complejas es necesario utilizar la fórmula de Euler.

$$e^{ix} = \cos x + i \sin x$$
$$e^{\alpha x \pm i\beta x} = e^{\alpha x}(\cos x \pm i \sin x)$$

Reescriba la solución general

$$y = c_1 e^{\alpha x} \cos x + i c_1 e^{\alpha x} \sin x + c_2 e^{\alpha x} \cos x - i c_2 e^{\alpha x} \sin x$$
$$y = (c_1 + c_2) e^{\alpha x} \cos \beta x + i(c_1 - c_2) e^{\alpha x} \sin \beta x$$

Redefina las constantes arbitrarias $A_1 = c_1 + c_2$, $A_2 = i(c_1 - c_2)$.

La solución general es:

$$y = A_1 e^{\alpha x} \cos(\beta x) + A_2 e^{\alpha x} \sin(\beta x)$$

Ejercicio 1: Encuentre la solución general de las sigs EDs.

a. $y'' - 2y' - 8y = 0$, sea $y = e^{mx}$.

Ecuación auxiliar:	$m^2 - 2m - 8 = (m+2)(m-4) = 0$
Raíces distintas:	$m_1 = -2$, $m_2 = 4$
Solución general:	$y = c_1 e^{-2x} + c_2 e^{4x}$

b. $y'' - 14y' + 49y = 0$

Ecuación auxiliar:	$m^2 - 14m + 49 = (m-7)^2 = 0$
Raíces repetidas:	$m_1 = 7$, $m_2 = 7$
Solución general:	$y = c_1 e^{7x} + c_2 x e^{7x}$

c. $y'' - 2y' + 2y = 0$, esta ec. auxiliar no se puede factorizar.

Ecuación auxiliar:	$m^2 - 2m + 2 = 0$
Raíces complejas:	$m_1 = \dfrac{2 \pm \sqrt{4-8}}{2} = 1 \pm i$
Solución general:	$y = c_1 e^x \cos x + c_2 e^x \sin x$

EDs de 2do orden importantes en Maté Aplicada

1. **Oscilador Lineal sin amortiguamiento:** $y'' + k^2 y = 0$.

   $$\begin{aligned}
   \text{Ecuación auxiliar:} &\quad m^2 + k^2 = 0 \\
   \text{Raíces imaginarias:} &\quad m_1 = \sqrt{-k^2} = ik \\
   \text{Solución general:} &\quad y = c_1 \cos(kx) + c_2 \sin(kx)
   \end{aligned}$$

   La solución es una combinación de funciones sinusoidales.

2. $y'' - k^2 y = 0$.

   $$\begin{aligned}
   \text{Ecuación auxiliar:} &\quad m^2 - k^2 = 0 \\
   \text{Raíces distintas:} &\quad m_1 = \pm k \\
   \text{Solución general:} &\quad y = c_1 e^{kx} + c_2 e^{-kx}
   \end{aligned}$$

   Esta solución se puede escribir en términos de las funciones hiperbólicas:

   $$\cosh(kx) = \frac{1}{2}\left(e^{kx} + e^{-kx}\right) \qquad \sinh(kx) = \frac{1}{2}\left(e^{kx} - e^{-kx}\right)$$

   Sean $A_1 = \dfrac{c_1 + c_2}{2}$ y $A_1 = \dfrac{c_1 - c_2}{2}$, la solución general es:

   $$y = A_1 \sinh(kx) + A_2 \cosh(kx)$$

EDs lineales de orden n

La solución de una ED lineal homogénea de orden n con coeficientes constantes:

$$a_n y^{(n)} + a_{n-1} y^{(n-1)} + \cdots + a_2 y'' + a_1 y' + a_0 y = 0$$

es una combinación de funciones exponenciales e^{mx}. La ec. auxiliar para esta ED es:

$$a_n m^n + a_{n-1} m^{n-1} + \cdots + a_2 m^2 + a_1 m + a_0 = 0$$

La solución general es una combinación de las siguientes tres formas.

1. **Raíces reales distintas:** $y = c_1 e^{m_1 x} + c_2 e^{m_2 x} + \cdots + c_n e^{m_n x}$.

2. **Raíces reales repetidas:** si una raíz tiene multiplicidad k, utilice potencias de t para tener k soluciones LI

   $$y = c_1 e^{m_1 x} + c_2 x e^{m_1 x} + c_3 x^2 e^{m_1 x} + \cdots + c_k x^{k-1} e^{m_1 x}$$

3. **Raíces complejas:** si los pares conjugados no están repetidos la solución general es:

   $$y = e^{\alpha_1 x}[c_1 \cos(\beta_1 x) + c_2 \sin(\beta_1 x)] + \cdots + e^{\alpha_k x}[c_{k-1} \cos(\beta_k x) + c_k \sin(\beta_k x)]$$

Si algún par de raíces complejas tiene multiplicidad de k, se deben utilizar potencias de x para agregar más soluciones L.I.

Por ejemplo, si la raíz compleja tiene una multiplicidad de tres la solución general es:

$$y = e^{\alpha x}[c_1 \cos(\beta x) + c_2 \sin(\beta x)] + xe^{\alpha x}[c_3 \cos(\beta x) + c_4 \sin(\beta x)] + x^2 e^{\alpha x}[c_5 \cos(\beta x) + c_6 \sin(\beta x)]$$

Ejercicio 2: Encuentre la solución general de las EDs dadas.

a. $y^{(4)} - 81y = 0$ \qquad Hay dos raíces reales y dos imaginarias

Ecuación auxiliar:	$m^4 - 81 = (m^2 + 9)(m + 3)(m - 3) = 0$
Raíces:	$m_1 = -3,\ m_2 = 3,\ m_3 = 3i,\ m_4 = -3i$
Solución general:	$y = c_1 e^{-3x} + c_2 e^{3x} + c_3 \cos(3x) + c_4 \sin(3x)$

b. $\dfrac{d^6 y}{dt^6} + 8\dfrac{d^4 y}{dt^4} + 16\dfrac{d^2 y}{dt^2} = 0$ \qquad Hay dos raíces reales y dos imaginarias.

Ecuación auxiliar:	$m^6 + 8m^4 + 16m^2 = m^2(m^4 + 8m^2 + 16) = m^2(m^2 + 4)^2 = 0$
Raíces:	$m_1 = 0, 0\ \ m_2 = \pm 2i,\ \pm 2i$
Solución general:	$y = c_1 + c_2 t + c_3 \cos(2t) + c_4 \sin(2t)$
	$\quad + c_3 t \cos(2t) + c_4 t \sin(2t)$

- Las raíces complejas tienen multiplicidad 2.
- La raíz real $m = 0$, $e^{0t} = 1$, también tiene multiplicidad 2.

c. $\dfrac{d^5 s}{dt^5} = 0$ \qquad Una sola raíz repetida.

La ecuación auxiliar es simplemente $m^5 = 0$, la única raíz es cero (multiplicidad 5).

La solución general es: \quad $s(t) = c_0 + c_1 t + c_2 t^2 + c_3 t^3 + c_4 t^4$.

EDs Lineales Homogéneas: PVIs

Un problema de valor inicial (PVI) de una ED lineal homogénea con coeficientes constantes tiene n condiciones iniciales en $y(0)$ y en sus $n-1$ derivadas. Para resolver un PVI, primero se encuentra la solución general y luego se utilizan las condiciones iniciales para encontrar el valor de cada constante arbitraria.

Ejercicio 3: Resuelva el PVI $\quad y'''(x) + y'(x) = 0, \ y(0) = 2, \ y'(0) = 5, \ y''(0) = 3$.

$$\begin{aligned}
&\text{Ec. Característica} & r^3 + r = r(r^2 + 1) = 0 \\
&\text{Raíces real y complejas} & r_1 = 0, \quad r_{2,3} = \pm i \\
&\text{Solución general:} & y(x) = c_1 + c_2 \cos(x) + c_3 \sin(x)
\end{aligned}$$

Derive la solución y evalúe en las CIs para obtener los valores de las constantes arbitrarias.

$$\begin{aligned}
y(x) &= c_1 + c_2 \cos(x) + c_3 \sin(x) \\
y'(x) &= -c_2 \sin(x) + c_3 \cos(x) \\
y''(x) &= -c_2 \cos(x) - c_3 \sin(x) \\
y(0) &= c_1 + c_2 = 2 \quad \Rightarrow \quad c_1 = 2 - c_2 = 5 \\
y'(0) &= c_3 = 5 \\
y''(0) &= -c_2 = 3
\end{aligned}$$

La solución del PVI es: $\quad y = 5 - 3\cos(x) + 5\sin(x)$.

13. Ecuaciones Diferenciales Inhomogéneas (4.4)

La ecuación diferencial lineal

$$a_n y^{(n)} + a_{n-1} y^{(n-1)} + \cdots + a_2 y'' + a_1 y' + a_0 y = g(x),$$

ya no es homogénea cuando $g(x) \neq 0$.

Por ejemplo, las siguientes EDs son inhomogéneas.

- $y'' + 4y = 20x$
- $y'' - 3y' + 4y = 2e^{2x}$

Para resolver una ED inhomogénea

I. Resuelva la ED homogénea $g(x) = 0$, denotada como la **solución complementaria** y_c.

II. Encuentre la solución particular y_p de la ED inhomogénea.
    La solución particular no tiene ninguna constante arbitraria.

III. La solución general es: $y = y_c + y_p$.

La solución particular de una ED inhomogénea se puede encontrar por medio de dos métodos.

- 4.4 Coeficientes Indeterminados
- 4.6 Variación de Parámetros

En las EDs inhomogéneas también se utiliza el principio de superposición para encontrar la solución de una suma de funciones.

Principio de Superposición

Sean $y_{p1}, y_{p2}, \cdots y_{pk}$, k soluciones particulares de la ED lineal inhomogénea de n-ésimo orden que corresponde a cada una de las k funciones $g_1, g_2, \cdots g_k$.

$$y_p = y_{p1} + y_{p2} + \cdots y_{pk}$$

es una solución particular de

$$a_n y^n + a_{n-1} y^{n-1} + \cdots + a_1 y' + a_o y = g_1 + g_2 + \cdots + g_k$$

Ejercicio 1: Compruebe que y_p es una solución particular de la ED dada.

a. $y'' - 7y' + 10y = 24e^x$, $\qquad y_p = 6e^x$

Derive la solución particular $y' = y'' = 6e^x$ y compruebe que se satisface la ED.

$$6e^x - 42e^x + 60e^x = 24e^x$$

b. $y'' - 6y' + 5y = 5x^2 + 3x - 16, \qquad y_p = x^2 + 3x$

Derive la solución particular $y' = 2x + 3$, $y'' = 2$ y compruebe que se satisface la ED.

$$2 - 12x - 18 + 5x^2 + 15x = 5x^2 + 3x - 16$$

Método de Coeficientes Indeterminados

La idea de este método es tener una intuición educada sobre la forma de la solución particular motivada por las funciones que conforman $g(x)$.

Este método se limita a

- ED lineales con coeficientes constantes.
- a funciones que son suma o producto de funciones polinomiales, exponenciales y sinusoidales

$$a_0, \qquad a_n x^n + a_{n-1} x^{n-1} + \cdots + a_1 x + a_0, \qquad e^{rx}, \qquad \sin(rx), \cos(rx)$$

Este conjunto de funciones tiene la propiedad de que las derivadas de las sumas y productos de estas funciones son de nuevo sumas y productos de estas funciones.

Este método no se puede utilizar en funciones como

$$\ln x, \qquad \frac{1}{x^n}, \qquad \sec x, \qquad \tan^{-1} x \qquad \cdots$$

En este método se asume que y_p tiene la misma forma que $g(x)$ y sólo se encuentran los coeficientes de y_p.

Ejercicio 2: Encuentre la solución general de la ED lineal: $y'' + y' - 6y = g(x)$, *para la función* $g(x)$ *dada.*

a. $g(x) = 6x + 11$.

Primero, se resuelve la ED homogénea $y'' + y' - 6y = 0$.

Ecuación Auxiliar:	$m^2 + m - 6 = (m+3)(m-2) = 0$
Raíces:	$m = -3, 2$
Función Complementaria:	$y_c = c_1 e^{-3x} + c_2 e^{2x}$

Segundo, resuelva el problema inhomogéneo.

Como $g(x)$ es una función lineal, asuma que la forma de la solución particular también es una función lineal $y_p = Ax + B$.

Ahora, el **objetivo** es encontrar los coeficientes A y B sustituyendo en la ED.

$$y'_p = A, \qquad y''_p = 0$$
$$0 + A - 6(Ax + B) = 6x + 11$$

Agrupe términos semejantes y resuelva el sistema de ecuaciones.

$$-6A = 6, \quad \Rightarrow \quad A = -1$$
$$A - 6B = 11, \quad \Rightarrow \quad B = \frac{-1 - 11}{6} = -2$$

La solución particular es: $y_p = -x - 2$.

La solución general es: $y = y_c + y_p = c_1 e^{-3x} + c_2 e^{2x} - x - 2.$

b. $g(x) = 104 \cos(2x)$

Ya se tiene la solución del problema homogéneo $y_c = c_1 e^{-3x} + c_2 e^{2x}$.

Proponga como solución particular $y_p = A \sin 2x + B \cos 2x$.

Derive dos veces la solución particular propuesta.

$$y'_p = 2A \cos 2x - 2B \sin 2x$$
$$y''_p = -4A \sin 2x - 4B \cos 2x$$

Sustituya en la ED:

$$-(4A \sin 2x + 4B \cos 2x) + 2A \cos 2x - 2B \sin 2x - (6A \sin 2x + 6B \cos 2x) = 104 \cos 2x$$
$$(2A \cos 2x - 10B \cos 2x) - (10A \sin 2x + 2B \sin 2x) = 104 \cos 2x$$

Agrupe términos y resuelva el siguiente sistema de ecuaciones:

$$R_1: \quad 2A - 10B = 104$$
$$R_2: \quad -10A - 2B = 0$$

Al realizar $5R_1 + 2R_2$; se obtiene que $-52B = 520$, por lo que $B = -10$.
Además, $A = 0.5(104 + 10B) = 0.5(4) = 2$.

La solución particular es: $y_p = 2 \sin 2x - 10 \cos 2x$.

La solución general es: $y = y_c + y_p = c_1 e^{-3x} + c_2 e^{2x} + 2 \sin 2x - 10 \cos 2x$.

c. $g(x) = -6xe^{-x} - e^{-x}$

La solución particular es un producto de una función exponencial y lineal.

$$y_p = Axe^{-x} + Be^{-x}$$
$$y_p' = Ae^{-x} - Axe^{-x} - Be^{-x}$$
$$y_p'' = -2Ae^{-x} + Axe^{-x} + Be^{-x}$$
$$y_p' + y_p'' = -Ae^{-x}$$

Sustituya en la ED y simplifique.

$$-Ae^{-x} - 6Axe^{-x} - 6Be^{-x} = -e^{-x} - 6xe^{-x}$$
$$(-A - 6B)e^{-x} - 6Axe^{-x} = -e^{-x} - 6xe^{-x}$$

Agrupe términos semejantes y resuelva el siguiente sistema de ecuaciones:

$$-A - 6B = -1$$
$$-6A = -6$$

Se obtiene que $A = 1$ y $-6B = -1 + A = 0$, $B = 0$.

La solución particular es $y_p = xe^{-x}$.

La solución general es: $y = y_c + y_p = c_1 e^{-3x} + c_2 e^{2x} + xe^{-x}$.

d. $g(x) = 6x + 11 - 104\cos 2x - 6xe^{-x} - e^{-x}$

Se tendría que proponer la sig. solución particular:

$$y_p = Ax + B + C\cos 2x + D\sin 2x + Exe^{-x} + Fe^{-x}$$

y encontrar el valor de cada coeficiente. Como ya se encontró la solución particular para las tres funciones, se puede encontrar y_p usando superposición.

$$y_p = y_{p1} + y_{p2} + y_{p3}$$
$$y_p = -x - 2 + 2\sin 2x - 10\cos 2x + xe^{-x}$$

La solución general de esta ED lineal inhomogénea es:

$$y = c_1 e^{-3x} + c_2 e^{2x} - x - 2 + 2\sin 2x - 10\cos 2x + xe^{-x}$$

Observaciones:

- La solución particular propuesta no debe ser una solución de la ED homogénea.
- Para encontrar la forma de la solución particular es necesario tomar en cuenta la multiplicidad de cada raíz en la solución complementaria.

Término inhomogéneo repetido con solución homogénea

El siguiente ejemplo ilustra que sucede cuando se propone una solución particular que es también una solución de la ED homogénea asociada.

Ejemplo: Encuentre una solución particular de $y'' + y' - 6y = 5e^{2x}$.

Usualmente se propone que $y_p = Ae^{2x}$.

Sustituya y_p $y_p' = 2Ae^{2x}$, $y_p'' = 4Ae^{2x}$ en la ED se obtiene:

$$4Ae^{2x} + 2Ae^{2x} - 6Ae^{2x} = 5e^{2x},$$
$$0 = 5e^{2x},$$

un enunciado contradictorio.

Ésto se debe a que la forma sugerida de la solución particular ya está presente en $y_c = c_1 e^{2x} + c_2 e^{-3x}$.

Multiplique la forma propuesta por x para evitar duplicidad $y_p = Axe^{2x}$.

Sustituya y_p, $y_p' = Axe^{2x} + 2Ae^{2x}$, $y_p'' = 4Axe^{2x} + 4e^{2x}$ en la ED.

$$4Ae^{2x} + 4Axe^{2x} + Ae^{2x} + 2Axe^{2x} - 6Axe^{2x} = 5e^{2x}$$
$$5Ae^{2x} = 5e^{2x}$$

Se obtiene que $A = 1$, la solución particular es $y_p = xe^{2x}$.

La solución general es: $y = c_1 e^{2x} + c_2 e^{-3x} + xe^{2x}$.

Dependiendo de la solución de la ED homogénea, el método de coeficientes indeterminados tiene los siguientes casos.

Caso I: Ninguna función de la solución particular asumida es una solución de la ED homogénea asociada.

Regla Caso I: La forma y_p es una combinación lineal de todas las funciones linealmente independientes que son generadas por diferenciaciones repetidas de $g(x)$.

Forma de la Solución Particular, CASO I

$g(x)$	y_p
1	A
x	$Ax + B$
x^n	$Ax^n + Bx^{n-1} + \cdots + Ex + F$
$\sin(bx)$	$A\sin(bx) + B\cos(bx)$
$\cos(bx)$	$A\sin(bx) + B\cos(bx)$
e^{rx}	Ae^{rx}
$e^{rx}\sin(bx)$	$Ae^{rx}\sin(bx) + Be^{rx}\cos(bx)$
$x^n e^{rx}$	$(Ax^n + Bx^{n-1} + \cdots + Ex + F)e^{rx}$
$x^n e^{rx}\sin(bx)$	$(A_n x^n + \cdots + A_0)e^{rx}\sin(bx) + (B_n x^n + \cdots + B_0)e^{rx}\cos(bx)$

Caso II: La función de la solución particular asumida también es una solución de la ED homogénea asociada.

Regla Caso 2: Si cualquier y_p contiene términos que duplican términos en y_c, entonces y_p debe ser multiplicada por x^s donde s es la multiplicidad de esta solución en el problema homogéneo y_c.

Forma de la Solución Particular, CASO II
$g(x)$ es parte de y_c

$g(x)$	y_p
x^n	$x^s(Ax^n + Bx^{n-1} + \cdots + Ex + F)$
$\sin(bx)$	$x^s(A\sin(bx) + B\cos(bx))$
e^{rx}	$x^s Ae^{rx}$
$x^n e^{rx}\cos(bx)$	$x^s(A_n x^n + \cdots + A_0)e^{rx}\sin(bx) + x^s(B_n x^n + \cdots + B_0)e^{rx}\cos(bx)$

Es necesario contar la multiplicidad de cada raíz en el problema homogéneo para evitar duplicidad en y_c y en y_p.

Ejercicio 3: Determine la forma de la solución particular para la ecuación diferencial dada. NO ENCUENTRE los valores de los coeficientes.

a. $y'' + y' - 6y = 3xe^{2x} + 6e^{2x}$

ED homogénea:	$y'' + y' + 6y = 0$
Ec. auxiliar:	$m^2 + m - 6 = 0$
Raíces:	$(m+3)(m-2) = 0, \quad m = 2, -3$
Solución homogénea:	$y_c = c_1 e^{2x} + c_2 e^{-3x}$

Como e^{2x} es parte de la solución homogénea, multiplique por x.

$$y_p = Ax^2 e^{2x} + Bx e^{2x}$$

b. $y'' + 2y' + y = 10e^{-x}$

ED homogénea:	$y'' + 2y' + y = 0$
Ec. auxiliar:	$m^2 + 2m + 1 = 0$
Raíces:	$(m+1)^2 = 0, \quad m = -1, -1$
Solución homogénea:	$y_c = c_1 e^{-x} + c_2 x e^{-x}$

No se puede proponer a Ae^{-x} ó a Axe^{-x} porque ambas funciones son parte de y_c.

Multiplique por x^2 para evitar duplicidad, $\quad y_p = Ax^2 e^{-x}$.

c. $y'' + 9y = 4\sin x + 2\cos 3x$

Ec. auxiliar:	$m^2 + 9 = 0$
Raíces:	$m = \pm 3i$
Solución homogénea:	$y_c = c_1 \sin(3x) + c_2 \cos(3x)$

Se puede proponer $y_{p1} = A\sin x + B\cos x$, ninguna es parte de y_c.

PERO, no se puede proponer $C\sin(3x) + D\cos(3x)$, porque es parte de y_c.
Para el término $2\cos 3x$, proponga $y_{p2} = Cx\sin(3x) + Dx\cos(3x)$.

La solución particular completa es: (combine ambas usando superposición).

$$y_p = y_{p1} + y_{p2} = A\sin x + B\cos x + Cx\sin(3x) + Dx\cos(3x)$$

d. $y^{(4)} + 8y'' + 16y = x\sin(2x) + 4\sin(2x)$

ED homogénea:	$y^{(4)} + 8y'' + 16 = 0$
Ec. auxiliar:	$m^4 + 8m^2 + 16 = 0$
Raíces:	$(m^2 + 4)^2 = 0, \quad m = \pm 2i \ (mult\ 2)$
Solución homogénea:	$y_c = c_1 \sin(2x) + c_2 \cos(2x) + c_3 x\sin(2x) + c_4 x\cos(2x)$

Para la solución particular no se puede proponer:

$$c_1 \sin(2x) + c_2 \cos(2x) + c_3 x \sin(2x) + c_4 x \cos(2x)$$

Los cuatro términos son parte de y_c, multiplique por x^2.

$$y_p = Ax^2 \sin(2x) + Bx^3 \sin(2x) + Cx^2 \cos(2x) + Dx^3 \cos(2x)$$

e. $y^{(5)} + 4y^{(4)} = t^2 + e^{-4t}$

ED homogénea:	$y^{(5)} + 4y^{(4)} = 0$
Ec. auxiliar:	$m^5 + 4m^4 = 0$
Raíces:	$m^4(m+4) = 0, \quad m = -4, \; 0 \; (mult\; 4)$
Solución homogénea:	$y_c = c_0 + c_1 t + c_2 t^2 + c_3 t^3 + c_4 e^{-4t}$

La solución particular para t^2 no se puede proponer $At^2 + Bt + C$, porque todos estos términos son parte de y_c. Multiplique por t^4 para evitar duplicidad.

$$y_{p1} = At^6 + Bt^5 + Ct^4$$

Para el término inhomogéneo e^{-4t} proponga te^{-4t} para que no sea parte de y_c.

$$y_p = At^6 + Bt^5 + Ct^4 + Dte^{-4t}$$

14. Variación de Parámetros (4.6)

En vez de encontrar una forma "educada" para la solución particular y limitarse sólo a combinaciones de funciones polinomiales, exponenciales y trigonométricas, el método de variación de parámetros (VP) se utiliza para encontrar la solución particular para cualquier ED lineal inhomogénea.

Considere la forma estándar de la ED lineal de 2do orden
$$y'' + P(x)y' + Q(x)y = g(x),$$
si se conoce la solución complementaria
$$y_c = c_1 y_1 + c_2 y_2,$$
el método de VP asume una solución particular de la forma:
$$y_p = u_1 y_1 + u_2 y_2.$$

Objetivo: Encuentre las funciones u_1 y u_2 para luego encontrar y_p.

Si se sustituye y_p en la ED y se agrupan términos, u_1' y u_2' se encuentran al resolver el siguiente sistema de ecuaciones (ver derivación al final del capítulo).

$$\begin{bmatrix} y_1 & y_2 \\ y_1' & y_2' \end{bmatrix} \begin{bmatrix} u_1' \\ u_2' \end{bmatrix} = \begin{bmatrix} 0 \\ g(x) \end{bmatrix} \qquad W(x) = \det \begin{bmatrix} y_1 & y_2 \\ y_1' & y_2' \end{bmatrix}$$

El sistema es invertible, porque el Wronskiano $W(x)$ es diferente de cero para funciones linealmente independientes.

La solución de este sistema se obtiene por medio de la Regla de Cramer.
$$u_1' = -\frac{g(x)y_2}{W(x)}, \qquad u_2' = \frac{g(x)y_1}{W(x)}$$

Integre u_1' y u_2' para encontrar la solución particular.

Pasos Método de Variación de Parámetros

Para resolver una ED inhomogénea

I. Resuelva el problema homogéneo $y_c = c_1 y_1 + c_2 y_2$.

II. Calcule el Wronskiano $W(x)$.

III. Construya las ecuaciones: $u_1' = -\dfrac{g(x)y_2}{W(x)}, \quad u_2' = +\dfrac{g(x)y_1}{W(x)}$.

IV. Integre las ecuaciones para u_1' y u_2'.

V. Obtenga la solución particular: $y_p = u_1 y_1 + u_2 y_2$.

VI. Obtenga la solución general: $y = c_1 y_1 + c_2 y_2 + u_1 y_1 + u_2 y_2$.

No es necesario introducir constantes arbitrarias cuando se integran u_1' y u_2' porque $c_1 y_1$ & $c_2 y_2$ son soluciones del problema homogéneo.

Ejercicio 1: Resuelva las sigs EDs.

a. $y'' + y = \sin x$

ED homogénea:	$y'' + y = 0$
Ec. auxiliar:	$m^2 + 1 = 0$
Raíces:	$m = \pm i$
1. Ec. complementaria	$y_c = c_1 \cos x + c_2 \sin x$

2. Calcule el Wronskiano

$$W = \begin{vmatrix} \cos x & \sin x \\ -\sin x & \cos x \end{vmatrix} = \cos^2 x + \sin^2 x = 1$$

3. Construya u_1' y u_2'.

$$u_1' = -\frac{y_2 g}{W} = -\sin^2 x$$
$$u_2' = \frac{y_1 g}{W} = \sin x \cos x$$

4. Integre cada ecuación, utilice la identidad trigonométrica $\sin(2x) = 2 \sin x \cos x$

$$u_1 = -\int \sin^2 x \, dx = -\frac{1}{2}\int (1 - \cos 2x)\, dx$$
$$u_1 = -\frac{x}{2} + \frac{1}{4}\sin(2x) = -\frac{x}{2} + \frac{1}{2}\sin x \cos x$$
$$u_2 = \int \sin x \cos x \, dx = \frac{1}{2}\sin^2 x$$

5. Escriba y simplifique la solución particular.

$$y_p = u_1 y_1 + u_2 y_2 = -\frac{x}{2}\cos x + \frac{1}{2}\sin x \cos^2 x + \frac{1}{2}\sin x \sin^2 x$$
$$y_p = -\frac{x}{2}\cos x + \frac{1}{2}\sin x (1 - \sin^2 x) + \frac{1}{2}\sin^3 x = -\frac{x}{2}\cos x + \frac{1}{2}\sin x$$

El segundo término es parte la solución homogénea por lo que $y_p = -\frac{x}{2}\cos x$.

6. La solución general es: $y_c = c_1 \cos x + c_2 \sin x - \frac{x}{2}\cos x$.

Observación: Esta ED se puede resolver utilizando coeficientes indeterminados. Como el término $\sin x$ es parte de y_c, multiplique por x para evitar duplicidad:

$$y_p = Ax \sin x + Bx \cos x \ .$$

Sustituyendo en la ED se encuentra que $A = 0$ y $B = -\frac{1}{2}$.

b. $y'' + y = \sec x \tan x$

La solución particular para esta ED no se puede encontrar utilizando coeficientes indeterminados.

La solución del problema homogéneo $y'' + y = 0$ es: $y = c_1 \cos x + c_2 \sin x$.

Calcule el Wronskiano

$$W = \begin{vmatrix} \cos x & \sin x \\ -\sin x & \cos x \end{vmatrix} = \cos^2 x + \sin^2 x = 1$$

Construya u_1' y u_2'.

$$u_1' = -\frac{y_2 g}{W} = -\sin x \sec x \tan x = -\tan^2 x$$
$$u_2' = \frac{y_1 g}{W} = \cos x \sec x \tan x = \tan x$$

Integre cada ecuación,

$$u_1 = -\int \tan^2 x \, dx = -\int (\sec^2 x - 1) \, dx = -\tan x + x$$
$$u_2 = \int \tan x \, dx = \int \frac{\sin x}{\cos x} \, dx = -\ln|\cos x|$$

La solución particular es:

$$y_p = x \cos x - \tan x \cos x - \sin x \ln|\cos x|$$
$$y_p = +x \cos x - \sin x - \sin x \ln|\cos x|$$

La solución general es:

$$y = c_1 \cos x + c_2 \sin x - \sin x \ln|\cos x| + x \cos x - \sin x$$
$$y = c_1 \cos x + (c_2 - 1) \sin x - \sin x \ln|\cos x| + x \cos x$$

c. $y'' = \dfrac{1}{x}$

Método 1: La solución más rápida se obtiene integrando dos veces la ED.

$$y' = \int \frac{1}{x} \, dx = \ln x + C$$
$$y = \int (\ln x + C) \, dx = x \ln x - x + c_1 x + c_2$$

Método 2: Resuelva el problema homogéneo y luego utilice VP.

ED homogénea:	$y'' = 0$
Ec. auxiliar:	$m^2 = 0$
Raíces:	$m = 0 \quad (mult\ 2)$
Ec. complementaria	$y_c = c_1 + c_2 x$

Calcule el Wronskiano

$$W = \begin{vmatrix} 1 & x \\ 0 & 1 \end{vmatrix} = 1$$

Construya u_1' y u_2'.

$$u_1' = -\frac{y_2 g}{W} = -\frac{x}{x} = -1$$
$$u_2' = \frac{y_1 g}{W} = \frac{1}{x}$$

Integre cada ecuación,

$$u_1 = -\int dx = -x$$
$$u_2 = \int \frac{1}{x} dx = \ln|x|$$

La solución particular es: $\quad y_p = -x + x\ln x$.

La solución general es: $\quad y = c_1 + c_2 x - x + x \ln x$.

Ejercicio 2: Resuelva la ED $\quad x^2 y'' - 2xy' - 4y = 30x^5$.
Las dos soluciones del problema homogéneo son $\quad y_1 = x^{-1} \ \&\ y_2 = x^4$.

Divida por el coeficiente principal $a_2(x) = x^2$ y escriba la ED en su forma estándar.

$$y'' - 2x^{-1} y' - 4x^{-2} y = 30x^3$$

Calcule el Wronskiano.

$$W = \begin{vmatrix} x^{-1} & x^4 \\ -x^{-2} & 4x^3 \end{vmatrix} = 4x^2 + x^2 = 5x^2$$

Construya u_1' y u_2'.

$$u_1' = -\frac{y_2 g}{W} = -\frac{x^4 (30 x^3)}{5x^2} = -6x^5$$
$$u_2' = \frac{y_1 g}{W} = \frac{-x^{-1}(30x^3)}{5x^2} = 6$$

Integre u'_1 y u'_2.

$$u_1 = -6\int x^5 dx = -x^6$$
$$u_2 = -6\int dx = 6x$$

La solución particular es:

$$y_p = -x^{-1}x^6 + x^4(6x) = -x^5 + 6x^5 = 5x^5$$

La solución general de la ED es:

$$y = \frac{c_1}{x} + c_2 x^4 + 5x^5$$

Derivación de las Ecuaciones de Variación de Parámetros

Se asume que la solución particular es de la forma

$$y_p = u_1(x)y_1 + u_2(x)y_2$$

Utilice la regla del producto para encontrar y'_p y y''_p.

$$y'_p = u'_1 y_1 + u_1 y'_1 + u'_2 y_2 + u_2 y'_2$$
$$y''_p = u''_1 y_1 + 2u'_1 y'_1 + u_1 y''_1 + u''_2 y_2 + 2u'_2 y'_2 + u_2 y''_2$$

Reemplace y_p, y'_p, y''_p en la ED y reordene términos.

$$(u_1 y''_1 + P(x)u_1 y'_1 + Q(x)u_1 y_1) + (u_2 y''_2 + P(x)u_2 y'_2 + Q(x)u_2 y_2) +$$
$$u''_1 y_1 + u'_1 y'_1 + u''_2 y_2 + u'_2 y'_2 + P(x)[u'_1 y_1 + u'_2 y_2] + y'_1 u'_1 + y'_2 u'_2 = f(x)$$

Los términos en la primera línea son iguales a cero, porque y_1 y y_2 son soluciones del problema homogéneo $y''_1 + P(x)y'_1 + Q(x)y_1 = 0$.

Los siguientes términos se pueden simplificar utilizando la regla del producto.

$$(u'y)' = u''y + u'y'$$
$$\underbrace{(u'_1 y_1 + u'_2 y_2)'}_{=0} + P(x)\underbrace{[u'_1 y_1 + u'_2 y_2]}_{=0} + \underbrace{y'_1 u'_1 + y'_2 u'_2}_{=f(x)} = f(x) + P(x) \cdot 0$$

Se tienen dos funciones desconocidas, por lo que se necesitan dos ecuaciones para encontrar un sistema de ecuaciones.

Iguale los términos con $P(x)$ y los que tienen $f(x)$.

$$u'_1 y_1 + u'_2 y_2 = 0$$
$$y'_1 u'_1 + y'_2 u'_2 = f(x)$$

Como $u_1'y_1 + u_2'y_2 = 0$, el término adentro de la derivada también se desvanece.

Resuelva el siguiente sistema de ecuaciones para encontrar u_1' y u_2'.

$$\begin{bmatrix} y_1 & y_2 \\ y_1' & y_2' \end{bmatrix} \begin{bmatrix} u_1' \\ u_2' \end{bmatrix} = \begin{bmatrix} 0 \\ g(x) \end{bmatrix}$$

Como las dos funciones son linealmente independientes, el Wronskiano es diferente de cero y el sistema de ecuaciones tiene la solución única.

$$u_1' = -\frac{g(x)y_2}{W(x)}, \qquad\qquad u_2' = \frac{g(x)y_1}{W(x)}$$

15. ED de Cauchy-Euler (4.7)

Una ED lineal con coeficientes variables generalmente no tiene una solución exacta. Si los coeficientes se pueden expresar en términos de potencias de x, se puede utilizar un método de solución similar a las EDs lineales con coeficientes constantes.

> **ED de Cauchy - Euler**
>
> Es una ED lineal de la forma
> $$b_n x^n y^{(n)} + b_{n-1} x^{n-1} y^{(n-1)} + \cdots + b_2 x^2 y'' + b_1 x y' + b_o y = g(x)$$
> donde cada $b_n, b_{n-1}, \cdots b_1, b_o$ es constante.

La característica peculiar de una ED de Cauchy-Euler es el que el grado k de los coeficientes de cada función potencia coincide con el orden k de la derivación $y^{(k)} = \dfrac{d^k y}{dx^k}$.

Ejercicio 1: Clasifique cada ED dada como lineal, de Cauchy, o ninguna.

a. $x^3 y''' - 2x^2 y'' + 6xy' = x^3$ Esta ED es lineal y de Cauchy-Euler.

b. $ay'' + by' + cy = g(x)$ Esta ED es lineal, pero NO es de Cauchy-Euler.

c. $y'' + xy' + x^2 y = 0$ Esta ED lineal NO es de Cauchy-Euler.

d. $x^4 y^4 y^{(4)} + x^2 (y'')^2 + xy' = \sin x$
La ED NO es lineal, por lo que la ED NO es de Cauchy-Euler.

Método de Solución de una ED Cauchy-Euler

Empiece analizando la solución gral. de la ED Cauchy-Euler homogénea de 2do orden.
$$ax^2 \frac{d^2 y}{dx^2} + bx \frac{dy}{dx} + cy = 0$$

Como el coeficiente principal de esta ED $a_2(x) = ax^2$ es cero en $x = 0$, el intervalo de solución de esta ED es $(0, \infty)$.

Pruebe una solución de la forma $y = x^r$, donde r es una constante.

Sustituya y, $y' = rx^{r-1}$ & $y'' = r(r-1)x^{r-2}$ en la ED:
$$ar(r-1)x^{r-2}x^2 + brx^{r-1}x + cx^r = 0,$$
$$x^r [\, ar(r-1) + br + c \,] = 0.$$

Por lo que x^r, es una solución de la ED siempre que r sea una raíz de la ecuación auxiliar:

$$ar(r-1) + br + c = 0,$$
$$ar^2 + (b-a)r + c = 0.$$

Las raíces de la ec. auxiliar se obtienen por medio de la ec. cuadrática:

$$r = \frac{a - b \pm \sqrt{(b-a)^2 - 4ac}}{2a}.$$

Casos de solución de ED de Cauchy-Euler

Hay tres casos distintos a considerar que dependen de si las raíces de la ec. auxiliar son distintas, repetidas, ó complejas.

- **Caso 1. Raíces Reales Distintas:** ocurren cuando $(b-a)^2 > 4ac$.

  Se tienen dos soluciones LI y la solución general es:

  $$y = c_1 x^{r_1} + c_2 x^{r_2}$$

- **Caso 2. Raíces Reales Repetidas:** ocurren cuando $(b-a)^2 = 4ac$.

  Sólo hay una raíz $r_1 = \dfrac{a-b}{2a}$ y una sola función solución.

  La forma normal de la ED es: $y'' + \dfrac{b}{ax} y' + \dfrac{c}{ax^2} y = 0$.

  El factor integrante es:

  $$\int P(x)dx = \int \frac{b}{ax}\,dx = \frac{b}{a}\ln x$$
  $$e^{-\int P(x)dx} = e^{-\frac{b}{a}\ln x} = x^{-b/a}$$

  Para encontrar la segunda solución se utiliza reducción de orden.

  $$y_2 = y_1 \int \frac{e^{-\int P(x)dx}}{y_1^2}\,dx$$
  $$y_2 = x^{r_1} \int x^{-b/a} x^{-2r_1}\,dx$$

  Simplifique la potencia de la función a integrar:

  $$-\frac{b}{a} - 2r_1 = -\frac{b}{a} - \frac{a-b}{a} = -\frac{b}{a} - 1 + \frac{b}{a} = -1$$

La segunda solución es: $\quad y_2 = x^{r_1} \int x^{-1}\, dx = x^{r_1} \ln x$.

La solución general es: $\quad y = c_1 x^{r_1} + c_2 x^{r_1} \ln x$.

- **Caso 3. Raíces Complejas Conjugadas:** ocurren cuando $(b-a)^2 < 4ac$.

En este caso las raíces son $r_{1,2} = \alpha + i\beta$.

La solución general es similar al caso de raíces reales distintas.

$$y = c_1 x^{(\alpha+i\beta)} + c_2 x^{(\alpha-i\beta)}$$

Para que la solución tenga funciones reales en vez de exponenciales complejas es necesario utilizar la fórmula de Euler.

$$e^{iu} = \cos(u) + i\sin(u)$$
$$x^{\pm i\beta} = e^{\ln x^{\pm i\beta}} = e^{\pm i\beta \ln x}$$
$$e^{\pm i\beta \ln x} = \cos(\beta \ln x) \pm i\sin(\beta \ln x)$$
$$x^{\alpha \pm i\beta} = x^{\alpha}[\,\cos(\beta \ln x) \pm i\sin(\beta \ln x)\,]$$

Reescriba la solución general

$$y = c_1 x^{\alpha} \cos(\beta \ln x) + ic_1 x^{\alpha} \sin(\beta \ln x) + c_2 x^{\alpha} \cos(\beta \ln x) - ic_1 x^{\alpha} \sin(\beta \ln x)$$
$$y = (c_1 + c_2)x^{\alpha} \cos(\beta \ln x) + i(c_1 - c_2)x^{\alpha} \sin(\beta \ln x)$$

Redefina las constantes arbitrarias $A_1 = c_1 + c_2,\ A_2 = i(c_1 - c_2)$.

La solución general es:

$$y = A_1 x^{\alpha} \cos(\beta \ln x) + A_2 x^{\alpha} \sin(\beta \ln x)$$

Ejercicio 2: Encuentre la solución general de las sigs EDs.

a. $x^2 y'' - 2y = 0$

Ec. auxiliar:	$r(r-1) - 2 = r^2 - r - 2 = (r+1)(r-2)$
Raíces distintas:	$r = -1,\ 2$
Soln: general	$y = c_1 x^{-1} + c_2 x^2$

La solución general es: $y = \dfrac{c_1}{x} + c_2 x^2$.

b. $x^2y'' - 3xy' + 4y = 0$

    Ec. auxiliar: $\qquad r(r-1) - 3r + 4 = r^2 - 4r + 4 = (r-2)^2 = 0$
    Raíces repetidas: $\qquad r = 2,\ 2$
    Soln: general $\qquad y = c_1 x^2 + c_2 x^2 \ln x$

La solución general es: $y = c_1 x^2 + c_2 x^2 \ln x$.

c. $25x^2y'' + 25xy' + y = 0$

    Ec. auxiliar: $\qquad 25r(r-1) + 25r + 1 = 25r^2 + 1 = 0$
    Raíces complejas: $\qquad r = \pm\sqrt{-\dfrac{1}{25}} = \pm\dfrac{i}{5}$
    Soln: general $\qquad y = c_1 \cos\left(\dfrac{\ln x}{5}\right) + c_2 \sin\left(\dfrac{\ln x}{5}\right)$

d. $x^2y'' - 3xy' = 0$

    Ec. auxiliar: $\qquad r(r-1) - 3r = r(r-4) = 0$
    Raíces distintas: $\qquad r = 0,\ 4$
    Soln: general $\qquad y = c_1 + c_2 x^4$

ED de Cauchy Euler de Orden Superior

También se asume que la solución es de la forma $y = x^r$.

Se sustituyen todas las derivadas en la ED y se encuentran las raíces de la ecuación auxiliar.

Para las EDs de orden superior se pueden obtener combinaciones de los tres casos.

Si una raíz real tiene multiplicidad s, agregue potencias de logaritmos.

$$y = c_1 x^{r_1} + c_2 x^{r_1} \ln x + c_3 x^{r_1} (\ln x)^2 + \cdots + c_s x^{r_1} (\ln x)^{s-1}$$

Si una raíz compleja tiene multiplicidad s, agregue potencias de logaritmos.

$$y = c_{11} x^\alpha \cos(\beta \ln x) + c_{12} x^\alpha \sin(\beta \ln x) + c_{21} x^\alpha (\ln x) \cos(\beta \ln x) + c_{22} x^\alpha (\ln x) \sin(\beta \ln x)$$
$$+ \cdots + c_{s1} x^\alpha (\ln x)^{s-1} \cos(\beta \ln x) + c_{s2} x^\alpha (\ln x)^{s-1} \sin(\beta \ln x)$$

Ejercicio 3: Resuelva las siguientes EDs.

a. $x^3 y''' + 2xy' - 12y = 0$

Ec. auxiliar:	$r(r-1)(r-2) + 2r - 12 = 0$
Factorice:	$r^3 - 3r^2 + 4r - 12 = (r^2+4)(r-3) = 0$
Raíces complejas y reales:	$r = 3,\ \pm 2i$
Soln: general	$y = c_1 x^3 + c_2 \sin(2\ln x) + c_2 \cos(2\ln x)$

b. $xy^{(4)} + y''' = 0$

Ec. auxiliar:	$r(r-1)(r-2)(r-3) + r(r-1)(r-2) = 0$
Factorice:	$r(r-1)(r-2)(r-2) = 0$
Raíces:	$r = 0,\ 1,\ 2,\ 2$
Soln: general	$y_c = c_1 + c_2 x + c_3 x^2 + c_4 x^2 \ln x$

EDs Cauchy-Euler Inhomogéneas

Considere la ED Cauchy-Euler de 2do orden inhomogénea.
$$ax^2 y'' + bxy' + cy = g(x)$$
Primero, se encuentre las soluciones del problema homogéneo y_1 & y_2.
$$ax^2 y'' + bxy' + cy = 0$$
Reescriba la ED en su forma normal:
$$y''' + \frac{b}{ax} y' + \frac{c}{ax^2} = \underbrace{\frac{g(x)}{ax^2}}_{f(x)}$$
La solución particular se encuentra por medio de variación de parámetros $y_p = u_1 y_1 + u_2 y_2$.
Las funciones u_1 y u_2 se encuentran al integrar las sigs. ecuaciones:
$$u_1' = -\frac{f(x) y_2}{W} \qquad u_2' = \frac{f(x) y_1}{W}$$

Ejercicio 4: Resuelva las siguientes ecuaciones diferenciales.

a. $x^2 y'' - 4xy' = x^5$

Problema Homogéneo:	$x^2 y'' - 4xy' = 0$
Ec. Auxiliar:	$r(r-1) - 4r = r^2 - 5r = 0$
Raíces Distintas:	$r_1 = 0, \quad r_2 = 5$
Solución Homogénea:	$y_c = c_1 + c_2 x^5$
ED normal:	$y'' - \dfrac{4}{x} y' = x^3$
Wronskiano:	$W = \begin{vmatrix} 1 & x^5 \\ 0 & 5x^4 \end{vmatrix} = 5x^4$

Integre las ecuaciones para u_1' y u_2'.

$$u_1' = -\frac{f(x)y_2}{W} = -\frac{x^3 x^5}{5x^4} = -\frac{1}{5}x^4 \qquad u_1 = -\frac{1}{25}x^5$$

$$u_2' = \frac{f(x)y_1}{W} = \frac{x^3}{5x^4} = \frac{1}{5x} \qquad u_2 = \frac{1}{5}\ln x$$

La solución particular es: $\quad y_p = -\frac{1}{25}x^5 + \frac{1}{5}x^5 \ln x$.

La solución general es: $\quad y = c_1 + c_2 x^5 - \frac{1}{25}x^5 + \frac{1}{5}x^5 \ln x$.

b. $x^2 y'' + xy' - y = \ln x$

Problema Homogéneo:	$x^2 y'' + xy' - y = 0$
Ec. Auxiliar:	$r(r-1) + r - 1 = r^2 - 1 = 0$
Raíces Distintas:	$r = \pm 1$
Solución Homogénea:	$y_c = c_1 x^{-1} + c_2 x$
ED normal:	$y'' + \dfrac{1}{x} y' = \dfrac{\ln x}{x^2}$
Wronskiano:	$W = \begin{vmatrix} x^{-1} & x \\ -x^{-2} & 1 \end{vmatrix} = 2x^{-1}$

Simplifique las ecuaciones para u_1' y u_2'.

$$u_1' = -\frac{f(x)y_2}{W} = -\frac{x \ln x}{2x^2 x^{-1}} = -\frac{1}{2}\ln x$$

$$u_2' = \frac{f(x)y_1}{W} = \frac{x^{-1}\ln x}{2x^2 x^{-1}} = \frac{1}{2}x^{-2}\ln x$$

Utilice integración por partes.

$$u_1 = -\tfrac{1}{2}\int \ln x \, dx = -\tfrac{1}{2}x\ln x + \tfrac{1}{2}\int dx = -\tfrac{1}{2}x\ln x + \tfrac{x}{2}$$

$$u_2 = \tfrac{1}{2}\int x^{-2}\ln x \, dx = -\tfrac{1}{2}x^{-1}\ln x + \tfrac{1}{2}\int x^{-2} dx = -\tfrac{1}{2}x^{-1}\ln x - \tfrac{1}{2}x^{-1}$$

Simplifique la solución particular.

$$y_p = \tfrac{1}{x}\left(\tfrac{x}{2} - \tfrac{1}{2}x\ln x\right) - x\left(\tfrac{1}{2}x^{-1}\ln x + \tfrac{1}{2}x^{-1}\right)$$

$$y_p = \tfrac{1}{2} - \tfrac{1}{2}\ln x - \tfrac{1}{2}\ln x - \tfrac{1}{2} = -\ln x$$

La solución general es: $\quad y = \dfrac{c_1}{x} + c_2 x - \ln x$.

16. Sistemas Resorte - Masa (5.1)

Suponga que un resorte se suspende verticalmente de un soporte rígido y luego se le fija un objeto de masa m a su extremo libre.

Ley de Hooke: Si el resorte se estira o elonga s, el resorte ejerce una fuerza restauradora F proporcional a la elongación s y en dirección opuesta a la elongación:

$$F = ks$$

k es la constante del resorte y se mide en N/m ó en kg/s^2. Entre más grande es k, se necesita realizar una mayor fuerza para alargar el resorte una longitud fija.

a. Movimiento Libre no Amortiguado

En este sistema, no se toman en cuenta las fuerzas disipativas (fricción, resistencia al aire) y se asume que el resorte no se le ejerce una fuerza externa.

El resorte está en equilibrio si no se mueve, la condición de equilibrio es $mg = ks$ o $mg - ks = 0$.

Si la masa se desplaza una cantidad y de su posición de equilibrio, la fuerza restauradora del resorte es $k(y + s)$.

La dirección positiva de y es hacia abajo.

Observando el diagrama de cuerpo se obtiene que:

$$ma = -k(s+y) + mg = -ks - ky + mg = -ky$$

Por lo que la fuerza neta es: $ma = -ky$.

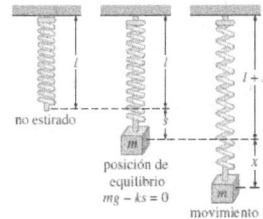

Como la aceleración es la segunda derivada del desplazamiento, $my'' = -ky$, divida por m para obtener la ED del movimiento libre no amortiguado.

ED Movimiento Libre no Amortiguado

$$y'' + \omega^2 y = 0, \qquad w^2 = \frac{k}{m}$$

La **ecuación de movimiento** del resorte tiene las CIs $y(0) = y_0$ y $y'(0) = v_0$.

$w = \sqrt{\dfrac{k}{m}}$ (rad/s) es la frecuencia circular del sistema.

Solución del sistema: este sistema tiene una ED lineal con coeficientes constantes.

$$\begin{aligned}
\text{Ec. Auxiliar:} \quad & r^2 + \omega^2 = 0 \\
\text{Raíces Complejas:} \quad & r^2 = \pm i\omega \\
\text{Solución General:} \quad & y = c_1 \cos(\omega t) + c_2 \sin(\omega t)
\end{aligned}$$

Observaciones:

- El período $T = \frac{2\pi}{\omega}$ es el tiempo en que tarda el objeto en ejecutar un ciclo de movimiento (se puede medir como el tiempo entre dos máximos sucesivos de y.

- La frecuencia $f = \dfrac{1}{T} = \dfrac{\omega}{2\pi}$ es el número de ciclos completados cada segundo.

Por ejemplo, si $y(t) = 4\cos(4\pi t) - 6\sin(4\pi t)$.

El período es: $T = \dfrac{2\pi}{4\pi} = \dfrac{1}{2}$ seg. / ciclo.

La frecuencia es: $f = \dfrac{4\pi}{2\pi} = 2$ ciclos / seg.

La frecuencia circular es: $w = \sqrt{\dfrac{k}{m}}$ (rad/s).

Ejercicio 1: Una masa tiene una constante de resorte de 12 kg/s². Un objeto con una masa de 3 kg se cuelga en el extremo del resorte. Inicialmente, el resorte está alargado 1 m sobre su posición de equilibrio y está en reposo. Encuentre la ecuación de movimiento del resorte.

En este caso, las condiciones iniciales son: $y(0) = 1$ & $y'(0) = 0$ y el cuadrado de la frecuencia circular es $w^2 = \dfrac{k}{m} = 4$.

Resuelva el PVI $y'' + 4y = 0$, $\quad y(0) = 1, \quad y'(0) = 0$.

$$\begin{aligned}
\text{Ecuación Auxiliar:} \quad & r^2 + 4 = 0, \quad r = \sqrt{-4} = \pm 2i \\
\text{Solución General:} \quad & y = c_1 \sin(2t) + c_2 \cos(2t) \\
\text{Velocidad:} \quad & y'(t) = 2c_1 \cos(2t) - 2c_2 \sin(2t) \\
\text{Use las CIs:} \quad & y(0) = 0 + c_2 = 1, \quad \Rightarrow \quad c_2 = 1 \\
& y'(0) = 2c_1 - 0 = 0, \quad \Rightarrow \quad c_1 = 0
\end{aligned}$$

La ecuación de movimiento es $\quad y = \cos(2t)$.

b. Movimiento Libre Amortiguado

En el modelo anterior se supuso que no hay fuerzas retardadoras o amortiguadoras actuando sobre el objeto en movimiento como la resistencia al aire. Se asume que la fuerza amortiguadora que actúa sobre el objeto es proporcional a la velocidad del objeto.

$$-\beta \frac{dy}{dt}$$

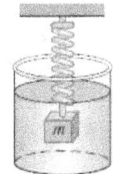

β es una constante de amortiguamiento (kg/s) y actúa en dirección contraria al movimiento.

La fuerza neta que actúa sobre el cuerpo es: $my'' = -by' - ky$.

Divida la ED por m para obtener la ED del movimiento libre amortiguado.

ED Movimiento Libre Amortiguado

$$y'' + 2\lambda y' + \omega^2 y = 0, \qquad y(0) = y_o, \qquad y'(0) = v_o \qquad \omega^2 = \frac{k}{m}$$

$\omega = \sqrt{\dfrac{k}{m}}$ (1/s) es la frecuencia circular del sistema.

$\lambda = \dfrac{\beta}{2m}$ (1/s) es la constante de amortiguamiento dividida por la masa.

La ec. auxiliar de esta ED es: $r^2 + 2\lambda r + \omega^2 = 0$.

Las raíces de esta ec. son: $r = -\lambda \pm \sqrt{\lambda^2 - \omega^2}$.

Tipos de Amortiguamiento:

Dependen de si las raíces son distintas, repetidas ó complejas.

Caso I: Movimiento Sobre-amortiguado $\beta^2 > 4mk$ ó $\lambda > \omega$

Hay soluciones reales distintas.

$$y(t) = C_1 e^{-\lambda t + t\sqrt{\lambda^2 - \omega^2}} + C_2 e^{-\lambda t - t\sqrt{\lambda^2 - \omega^2}}$$

La ec. de movimiento no tiene ningún movimiento oscilatorio porque el amortiguamiento es mayor que la constante k.

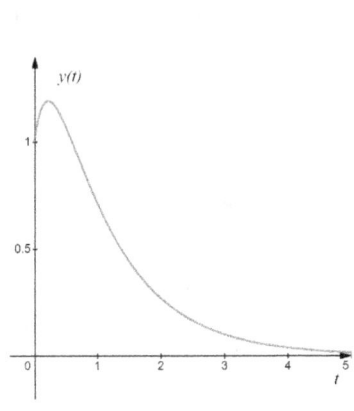

Caso II: Movimiento Críticamente amortiguado $\beta^2 = 4mk$ ó $\lambda = \omega$

Hay soluciones reales repetidas.

$$y(t) = c_1 e^{m_1 t} + c_2 t e^{m_1 t}$$

Esta ec. de movimiento es un estado transitorio entre el movimiento uniforme y el oscilatorio.

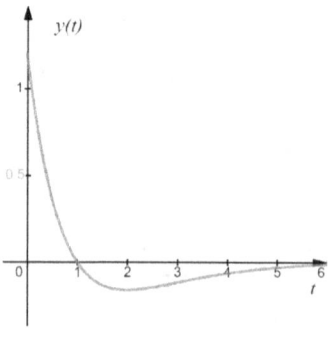

Caso III: Movimiento Sub-amortiguado $\beta^2 < 4mk$ ó $\lambda < \omega$

Hay raíces complejas $r_{1,2} = -\lambda \pm i\sqrt{\omega^2 - \lambda^2} = -\lambda \pm i\beta$.

$$y(t) = e^{-\lambda t}\left(\, c_1 \cos(\beta t) + c_2 \sin(\beta t)\,\right)$$

En esta ec. de movimiento hay oscilaciones pero el factor de amortiguamiento va provocando que estas oscilaciones tengan amplitudes cada vez menores. El amortiguamiento es pequeño comparado con la constante del resorte.

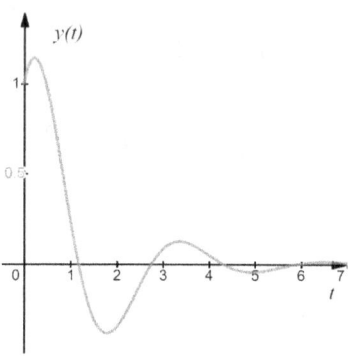

Observación: En los tres casos $e^{-\lambda t} \to 0$ a medida que $t \to \infty$, por lo que el resorte tiende a detenerse a medida que pasa el tiempo $\lim_{t\to\infty} y(t) = 0$.

Ejercicio 2:   Resuelva las ecs. de movimiento de un resorte.
Clasifique cada movimiento como sobre, crítica y sub amortiguado.

a. $y'' + 5y' + 4y = 0$, $y(0) = 1$, $y'(0) = 2$

Ecuación auxiliar: $r^2 + 5r + 4 = (r+4)(r+1) = 0$
Solución general: $y(t) = c_1 e^{-4t} + c_2 e^{-t}$
$y'(t) = -4c_1 e^{-4t} - c_2 e^{-t}$

Use las condiciones iniciales para obtener el siguiente sistema de ecuaciones.

$$y(0) = c_1 + c_2 = 1$$
$$y'(0) = -4c_1 - c_2 = 2$$

Sume las filas 1 y 2 para obtener: $-3c_1 = 3$, $c_1 = -1$ y $c_2 = 1 - c_1 = 2$.

La ecuación de movimiento es: $y(t) = -e^{-4t} + 2e^{-t}$.

El movimiento es sobreamortiguado   (raíces reales distintas ó $\beta^2 = 25 > 16 = 4mk$).

b. $\dfrac{1}{4}\dfrac{d^2y}{dt^2} + 4\dfrac{dy}{dt} + 16y = 0$, $y(0) = 5$, $y'(0) = -5$

Multiplique la ED por 4 y obtenga la solución general.

Ecuación auxiliar: $\qquad r^2 + 16r + 64 = (r+8)^2 = 0, \qquad \Rightarrow r = -8, -8$

Solución general: $\qquad y(t) = c_1 e^{-8t} + c_2 t e^{-8t}$

$\qquad\qquad\qquad\qquad\quad y'(t) = -8c_1 e^{-8t} + c_2 e^{-8t} - 8c_2 t e^{-8t}$

Use las condiciones iniciales para obtener el siguiente sistema de ecuaciones.

$\qquad y(0) = c_1 + 0 = 5 \qquad\qquad\qquad\qquad c_1 = 5$

$\qquad y'(0) = -8c_1 + c_2 = -5 \qquad\qquad\qquad c_2 = -5 + 8c_1 = 35$

La ecuación de movimiento es: $y(t) = 5e^{-8t} + 35te^{-8t}$.

El movimiento es críticamente amortiguado (raíces repetidas ó $\beta^2 = 16 = 16 = 4mk$).

c. $\dfrac{d^2y}{dt^2} + 2\dfrac{dy}{dt} + 10y = 0$, $y(0) = 2$, $y'(0) = 1$

Ecuación auxiliar: $\qquad r^2 + 2r + 10 = (r+1)^2 + 9 = 0$

Raíces Complejas: $\qquad r = -1 \pm 3i$

Solución general: $\qquad y(t) = c_1 e^{-t}\cos(3t) + c_2 e^{-t}\sin(3t)$

$\qquad\qquad\qquad\qquad y'(t) = -c_1 e^{-t}\cos(3t) - 3c_1 e^{-t}\sin(3t) - c_2 e^{-t}\sin(3t) + 3c_2 e^{-t}\cos(3t)$

Use las condiciones iniciales para obtener el siguiente sistema de ecuaciones.

$\qquad y(0) = c_1 + 0 = 2 \qquad\qquad\qquad\qquad c_1 = 2$

$\qquad y'(0) = -c_1 + 3c_2 = 1 \qquad\qquad\qquad c_2 = \tfrac{1}{3}(1+2) = 1$

La ecuación de movimiento es: $y(t) = 2e^{-t}\cos(3t) + e^{-t}\sin(3t)$.

El movimiento es subamortiguado (raíces complejas ó $\beta^2 = 4 < 40 = 4mk$).

c. Movimiento Forzado

Suponga que ahora se toma en consideración una fuerza externa $f(t)$ que actúa sobre el objeto suspendido en el resorte.

La fuerza resultante neta es:
$$my'' = -ky - by' + f(t)$$

Si se divide por m se obtiene una ED lineal pero inhomogénea.
$$y'' + 2\lambda y' + \omega^2 y = A(t) = \tfrac{f(t)}{m}$$

Primero se encuentra la solución del problema homogéneo, la solución particular y_p, se encuentra utilizando coeficientes indeterminados o variación de parámetros.

Ejercicio 3: Considere la ED de movimiento no amortiguado forzado:
$$y'' + \omega^2 y = A_o \sin\gamma t, \qquad y(0) = 0, \qquad y'(0) = 0$$

Note que inicialmente el resorte está en reposo y en su posición de equilibrio.
Las unidades de $A_o = f(t)/m$ son de m/s^2 y las de ω, γ son $1/s$.

a. Encuentre la ecuación de movimiento para $\gamma \neq \omega$.

Primero, resuelva el problema homogéneo: $\quad y'' + \omega^2 y = 0$.
$$r^2 + \omega^2 = 0, \qquad r = \pm i\omega$$
$$y(t) = c_1 \cos(\omega t) + c_2 \sin(\omega t)$$

Segundo, como $\sin\gamma t \neq \sin(\omega t)$, se puede proponer la sig. forma para y_p:
$$y_p = A \sin\gamma t + B \cos\gamma t$$
$$y_p' = A\gamma \cos\gamma t - B\gamma \sin\gamma t$$
$$y_p'' = -A\gamma^2 \cos\gamma t - B\gamma^2 \cos\gamma t$$

Sustituya y_p & y_p'' en la ED y resuelva para A & B.
$$-A\gamma^2 \cos\gamma t - B\gamma^2 \cos\gamma t + A\omega^2 \sin\gamma t + B\omega^2 \cos\gamma t = A_o \sin\gamma t$$

Agrupe términos y resuelva para A y B.

$$B(\omega^2 - \gamma^2)\cos\gamma t = 0\cos\gamma t \qquad\Rightarrow\qquad B = 0$$
$$A(\omega^2 - \gamma^2)\sin\gamma t = A_o \sin\gamma t \qquad\Rightarrow\qquad A = \frac{A_o}{\omega^2 - \gamma^2}$$

La solución particular es: $\quad y(t) = \dfrac{A_o}{\omega^2 - \gamma^2} \sin(\gamma t)$.

La solución general es:

$$y(t) = c_1 \cos(\omega t) + c_2 \sin(\omega t) + \frac{A_o}{\omega^2 - \gamma^2} \sin(\gamma t)$$

$$y'(t) = -c_1 \omega \sin(\omega t) + c_2 \omega \cos(\omega t) + \frac{A_o \gamma}{\omega^2 - \gamma^2} \cos(\gamma t)$$

Tercero, use las CIs para encontrar el valor de c_1 y c_2.

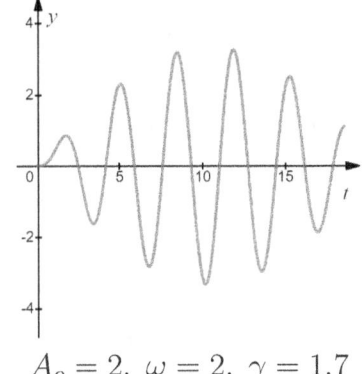

$$y(0) = c_1 + 0 + 0 = 0, \quad \Rightarrow \quad c_1 = 0$$

$$y'(0) = -0 + c_2 \omega + \frac{F_o \gamma}{\omega^2 - \gamma^2} = 0$$

$$c_2 = -\frac{A_o \gamma}{\omega} \frac{1}{\omega^2 - \gamma^2}$$

Ec de movimiento: $y(t) = \dfrac{A_o}{\omega^2 - \gamma^2} \left(\sin(\gamma t) - \dfrac{\gamma}{\omega} \sin(\omega t) \right)$ $\quad A_o = 2, \; \omega = 2, \; \gamma = 1.7$

A medida que $\gamma \to \omega$, el denominador se acerca a cero, la amplitud aumenta y la solución se indefine en un fenómeno conocido como **Resonancia**.

b. Encuentre la ec. de movimiento para $\gamma = \omega$, $y'' + \omega^2 y = A_o \sin(\omega t)$.

Como $\sin(\omega t)$ es parte de la solución homogénea, $y_p = At \sin(\omega t) + Bt \cos(\omega t)$.

Para este problema, utilicemos variación de parámetros para no usar varias reglas del producto.

El Wronskiano del sistema es:

$$W = \begin{vmatrix} \cos(\omega t) & \sin(\omega t) \\ -\omega \sin(\omega t) & \omega \cos(\omega t) \end{vmatrix} = \omega \cos^2(\omega t) + \omega \sin^2(\omega t) = \omega$$

La solución particular es de la forma $y_p = u_1 \sin(\omega t) + u_2 \cos(\omega t)$.

Las ecuaciones para u_1' y u_2' son:

$$u_1' = -\frac{A_0 \sin(\omega t) \sin(\omega t)}{\omega} \qquad\qquad u_2' = \frac{A_0 \cos(\omega t) \sin(\omega t)}{\omega}$$

$$u_1 = -\frac{A_0}{2\omega}\left(t - \frac{1}{\omega} \sin(\omega t)\cos(\omega t)\right) \qquad u_2 = \frac{A_0}{2\omega^2} \sin^2(\omega t)$$

Simplifique la solución particular

$$y_p(t) = -\frac{A_0}{2\omega}t\cos(\omega t) + \frac{A_0}{2\omega^2}\sin(\omega t)\cos^2(\omega t) + \frac{A_0}{2\omega^2}\sin(\omega t)\sin^2(\omega t)$$

$$y_p(t) = -\frac{A_0}{2\omega}t\cos(\omega t) + \frac{A_0}{2\omega^2}\sin(\omega t) = \frac{A_0}{2\omega^2}\Big(\sin(\omega t) - \omega t\cos(2\omega t)\Big)$$

La solución general es:

$$y(t) = c_1\cos(\omega t) + \left(c_2 + \frac{A_o}{2\omega^2}\right)\sin(\omega t) - \frac{A_o t}{2\omega}\cos(\omega t)$$

$$y(t) = c_1\cos(\omega t) + \left(c_2 + \frac{A_o}{2\omega^2}\right)\sin(\omega t) - \frac{A_o t}{\omega}\cos(\omega t)$$

$$y'(t) = -\omega c_1\sin(\omega t) + \left(c_2 + \frac{A_o}{2\omega^2}\right)\omega\cos(\omega t) - \frac{A_o}{2\omega}\cos(\omega t) + \frac{A_o}{2}t\sin(\omega t)$$

Evalúe en las condiciones iniciales:

$$y(0) = -c_1 + 0 - 0 = 0 \qquad\Rightarrow\qquad c_1 = 0$$

$$y'(0) = \left(c_2 + \frac{A_o}{2\omega^2}\right)\omega - \frac{A_o}{2\omega} + 0 = 0 \qquad\Rightarrow\qquad c_2 = 0$$

La ecuación de movimiento es:

$$y(t) = \frac{A_0}{2\omega^2}\Big(\sin(\omega t) - \omega t\cos(2\omega t)\Big)$$

Note que $y(t) \to \infty$ a medida que $t \to \infty$.
La amplitud aumenta de manera lineal.

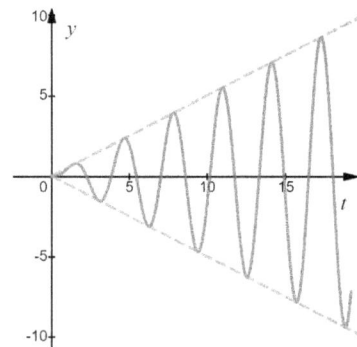

Resonancia para $\omega = \gamma = A_o = 2$

La ecuación de movimiento para $\gamma = \omega$ se obtiene más rápido evaluando el límite $\gamma \to \omega$ de la ecuación de movimiento para $\gamma \neq \omega$.

$$y(t) = \frac{A_o}{\omega}\lim_{\gamma \to w}\frac{\omega\sin(\gamma t) - \gamma\sin(\omega t)}{\omega^2 - \gamma^2}$$

Use la Regla de L'Hospital (límite indeterminado $0/0$) y derive respecto a γ.

$$y(t) \stackrel{LH}{=} \frac{A_o}{\omega}\lim_{\gamma \to w}\frac{\omega t\cos(\gamma t) - \sin(\omega t)}{-2\gamma}$$

$$y(t) \stackrel{\gamma=\omega}{=} \frac{A_o}{\omega}\left[\frac{\omega t\cos(\omega t) - \sin(\omega t)}{-2w}\right]$$

$$y(t) = \frac{A_o}{2\omega^2}\Big[-\omega t\cos(\omega t) + \sin(\omega t)\Big]$$

17. Definición de la Transformada de Laplace (7.1)

La derivación y la integración tienen la propiedad de linealidad.
Para dos funciones f, g y para 2 constantes α, β.

$$[\alpha f(x) + \beta g(x)]' = \alpha f'(x) + \beta g'(x)$$

$$\int [\alpha f(x) + \beta g(x)] \, dx = \alpha \int f(x) \, dx + \beta \int g(x) \, dx$$

La **Transformada de Laplace** es un tipo especial de transformación lineal que convierte a una ED en una ecuación algebraica.

> **Transformada de Laplace**
>
> Sea f una función definida para $t \geq 0$. La integral
>
> $$\mathcal{L}\{f(t)\} = \int_0^\infty e^{-st} f(t) \, dt$$
>
> es la **transformada de la Laplace** siempre que la integral converja.

Observaciones:

- La transformada de Laplace es función de la variable s.

- La letra minúscula denota la función que se transforma y la letra mayúscula correspondiente denota su transformada.

$$\mathcal{L}\{f(t)\} = F(s) \qquad \mathcal{L}\{g(t)\} = G(s)$$

- Verifique que la transformada de Laplace es lineal.

$$\mathcal{L}\{\alpha f(t) + \beta g(t)\} = \int_0^\infty e^{-st}[\alpha f(t) + \beta g(t)] \, dt$$

$$= \alpha \int_0^\infty e^{-st} f(t) \, dt + \beta \int_0^\infty e^{-st} g(t) \, dt$$

$$= \alpha L\{f(t)\} + \beta L\{g(t)\}$$

Transformadas de Laplace de Polinomios, Exponenciales y Trigonométricas

a. **Función constante:** $f(t) = k$, $\qquad \mathcal{L}\{k\} = k/s$

$$\mathcal{L}\{k\} = k \int_0^\infty e^{-st} dt = -\frac{k}{s} e^{-st} \bigg]_{t=0}^{t \to \infty} = \frac{k}{s}\left(1 - \lim_{t \to \infty} e^{-st}\right) = \frac{k}{s}$$

Siempre que $s > 0$, la integral converge a k/s.

Como el uso del signo de límite se vuelve tedioso, se adopta la notación $\big]_0^\infty$ como abreviación para escribir $\lim_{b \to \infty} (\ )\big]_0^b$.

b. **Función exponencial:** $f(t) = e^{at}$, $\quad \mathcal{L}\{e^{at}\} = \dfrac{1}{s-a}$

$$\mathcal{L}\{e^{at}\} = \int_0^\infty e^{-st} e^{at} dt = -\int_\infty^0 e^{-t(s-a)} dt$$

$$= \dfrac{1}{s-a} e^{-t(s-a)} \Big]_{t\to\infty}^{t=0} = \dfrac{1}{s-a}\left(1 - \lim_{t\to\infty} e^{-t(s-a)}\right) = \dfrac{1}{s-a}$$

Siempre que $s > a$, la integral converge a $\dfrac{1}{s-a}$

c. **Función identidad:** $f(t) = t$, $\quad \mathcal{L}\{t\} = \dfrac{1}{s^2}$.

Utilice IPP y el hecho que $\mathcal{L}\{1\} = 1/s$.

$$\mathcal{L}\{t\} = \int_0^\infty t e^{-st} dt = -\dfrac{t}{s} e^{-st}\Big]_0^\infty + \dfrac{1}{s}\int_\infty^0 e^{-st} dt$$

$$= 0 - \dfrac{1}{s}\lim_{t\to\infty} t e^{-st} + \dfrac{1}{s}\mathcal{L}\{1\} = 0 + \dfrac{1}{s^2}$$

d. **Funciones potencia:** $f(t) = t^n$, se encuentran de manera recursiva.

Utilizando la Regla de L'Hospital n veces se encuentra que $\lim_{t\to\infty} t^n e^{-st} = 0$.

$$\mathcal{L}\{t^2\} = \int_0^\infty t^2 e^{-st} dt = -\dfrac{t^2}{s} e^{-st}\Big]_0^\infty + \dfrac{2}{s}\int_\infty^0 t e^{-st} dt$$

$$\mathcal{L}\{t^2\} = 0 + \dfrac{2}{s}\mathcal{L}\{t\} = \dfrac{2}{s^3}$$

$$\mathcal{L}\{t^3\} = \int_0^\infty t^3 e^{-st} dt = -\dfrac{t^3}{s} e^{-st}\Big]_0^\infty + \dfrac{3}{s}\int_\infty^0 t^2 e^{-st} dt$$

$$\mathcal{L}\{t^3\} = 0 + \dfrac{3}{s}\mathcal{L}\{t^2\} = \dfrac{3\cdot 2}{s^4} = \dfrac{3!}{s^4}$$

En general para $\mathcal{L}\{t^n\} = \dfrac{n!}{s^{n+1}}$, si $s > 0$.

e. **Funciones Trigonométricas:** $f(t) = \sin(kt)$ se encuentran realizando integración por partes cíclica.

$$\mathcal{L}\{\sin(kt)\} = \int_0^\infty e^{-st} \sin(kt) dt = -\dfrac{\sin(kt)}{s} e^{-st}\Big]_0^\infty + \dfrac{k}{s}\int_0^\infty e^{-st} \cos(kt) dt$$

$$\mathcal{L}\{\sin(kt)\} = 0 - \dfrac{k}{s^2} e^{-st} \cos(kt)\Big]_0^\infty - \dfrac{k^2}{s^2}\int_0^\infty e^{-st} \sin(kt) dt$$

$$\mathcal{L}\{\sin(kt)\} = \dfrac{k}{s^2} - \dfrac{k^2}{s^2}\mathcal{L}\{\sin(kt)\}$$

Resuelva para $\mathcal{L}\{\sin(kt)\}$.

$$\left(1+\frac{k^2}{s^2}\right)\mathcal{L}\{\sin(kt)\} = \left(\frac{s^2+k^2}{s^2}\right)\mathcal{L}\{\sin(kt)\} = \frac{k}{s^2}$$

$$\mathcal{L}\{\sin(kt)\} = \frac{k}{s^2+k^2}$$

En este problema, el límite $\lim\limits_{t\to\infty} e^{-st}\cos(kt)$ no se puede evaluar con la regla de L'Hospital, se encuentra sabiendo que $-1 \leqslant \cos(kt) \leqslant 1$.

$$\lim_{t\to\infty} e^{-st}\cos(kt) \leqslant \lim_{t\to\infty} +e^{-st} = 0$$
$$\lim_{t\to\infty} e^{-st}\cos(kt) \geqslant \lim_{t\to\infty} -e^{-st} = 0$$
$$0 \leqslant \lim_{t\to\infty} e^{-st}\cos(kt) \leqslant 0$$

Por propiedades de desigualdades (Teorema de Estricción) $\lim\limits_{t\to\infty} e^{-st}\cos(kt) = 0$.

La transformada de Laplace de coseno se encuentra de manera similar.

$$\mathcal{L}\{\cos(kt)\} = \frac{s}{s^2+k^2}$$

f. **Funciones Hiperbólicas:** Sus transformadas se encuentran utilizando la definición de seno y coseno hiperbólico, linearidad y la transformada de la función exponencial.

$$\sinh(kt) = \frac{e^{kt}-e^{-kt}}{2} \qquad \cosh(kt) = \frac{e^{kt}+e^{-kt}}{2}$$
$$\mathcal{L}\{\sinh(kt)\} = 0.5\mathcal{L}\{e^{kt}\} - 0.5\mathcal{L}\{e^{-kt}\} \qquad \mathcal{L}\{\cosh(kt)\} = 0.5\mathcal{L}\{e^{kt}\} + 0.5\mathcal{L}\{e^{-kt}\}$$
$$\mathcal{L}\{\sinh(kt)\} = \frac{0.5}{s-k} - \frac{0.5}{s+k} \qquad \mathcal{L}\{\cosh(kt)\} = \frac{0.5}{s-k} + \frac{0.5}{s+k}$$
$$\mathcal{L}\{\sinh(kt)\} = 0.5\frac{s+k-s+k}{(s-k)(s+k)} \qquad \mathcal{L}\{\cosh(kt)\} = 0.5\frac{s+k+s-k}{(s-k)(s+k)}$$
$$\mathcal{L}\{\sinh(kt)\} = \frac{k}{s^2-k^2} \qquad \mathcal{L}\{\cosh(kt)\} = \frac{s}{s^2-k^2}$$

Transformadas de funciones básicas

1. $\mathcal{L}\{t^n\} = \dfrac{n!}{s^{n+1}}, \quad n = 0, 1, \cdots$
2. $\mathcal{L}\{\sin(kt)\} = \dfrac{k}{s^2+k^2}$
3. $\mathcal{L}\{\sinh(kt)\} = \dfrac{k}{s^2-k^2}$
4. $\mathcal{L}\{e^{at}\} = \dfrac{1}{s-a}$
5. $\mathcal{L}\{\cos(kt)\} = \dfrac{s}{s^2+k^2}$
6. $\mathcal{L}\{\cosh(kt)\} = \dfrac{s}{s^2-k^2}$

Recuerde que la transformada de Laplace es una operación lineal.

$$\mathcal{L}\{\alpha f(t) + \beta g(t)\} = \alpha\mathcal{L}\{f(t)\} + \beta\mathcal{L}\{g(t)\}$$

Ejercicio 1: Encuentre la transformada de Laplace para las siguientes funciones.

a. $\mathcal{L}\{e^{-2t+4}\} = e^4 \mathcal{L}\{e^{-2t}\} = \dfrac{e^4}{s+2}$

b. $\mathcal{L}\{4\sin(2t) - 2\cos(4t)\} = 4\mathcal{L}\{\sin(2t)\} - 2\mathcal{L}\{\cos(4t)\} = \dfrac{8}{s^2+4} - \dfrac{2s}{s^2+16}$

c. $\mathcal{L}\{2e^t \sinh t + 2e^t \cosh t\} = 2\mathcal{L}\{e^{2t}\} = \dfrac{2}{s-2}$

Utilice las definiciones de seno y coseno hiperbólico para rescribir la función.

$$2e^t \sinh t + 2e^t \cosh t = e^t(e^t - e^{-t}) + e^t(e^t + e^{-t})$$
$$= e^{2t} - 1 + e^{2t} + 1 = 2e^{2t}$$

d. $\mathcal{L}\{\sin(2t)\cos(2t)\} = \dfrac{1}{2}\mathcal{L}\{\sin(4t)\} = \dfrac{1}{2}\dfrac{4}{s^2+16} = \dfrac{2}{s^2+16}$

Transformadas de Laplace de una función continua por tramos

Si la función es definida por tramos, como en:

$$f(t) = \begin{cases} f_1(t) & 0 \leqslant t < a \\ f_2(t) & a \leqslant t \leqslant b \\ f_3(t) & t \geqslant b \end{cases}$$

La transformada de Laplace se encuentra evaluando la integral en cada tramo.

$$\mathcal{L}\{f(t)\} = \int_0^a e^{-st} f_1(t)\, dt + \int_a^b e^{-st} f_2(t)\, dt + \int_b^\infty e^{-st} f_3(t)\, dt$$

Transformada de la Función Step

$$\mathcal{U}(t-a) = \begin{cases} 0 & 0 \leqslant t < a \\ 1 & t \geqslant a \end{cases}$$

$$\mathcal{L}\{\mathcal{U}(t-a)\} = \int_a^\infty e^{-st}\, dt$$

$$= \left. \dfrac{e^{-st}}{s} \right]_\infty^a = \dfrac{e^{-as}}{s}$$

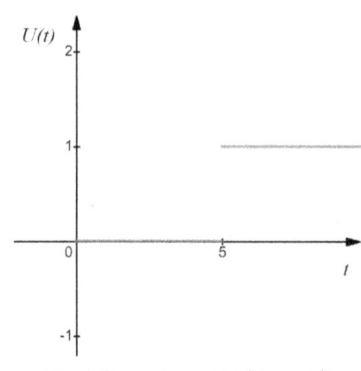

Gráfica de $\mathcal{U}(t-5)$

Ejercicio 2: Encuentre la transformada de Laplace de las siguientes funciones.

a. $h(t) = \begin{cases} -1 & 0 \leqslant t < 5 \\ 1 & 5 \leqslant t \leqslant 10 \end{cases}$

$$\mathcal{L}\{h(t)\} = -\int_0^5 e^{-st}dt + \int_5^{10} e^{-st}dt = \frac{e^{-st}}{s}\bigg]_{t=0}^{t=5} + \frac{e^{-st}}{s}\bigg]_{t=10}^{t=5}$$

$$\mathcal{L}\{h(t)\} = \frac{e^{-5s}}{s} - \frac{1}{s} + \frac{e^{-5s}}{s} - \frac{e^{-10s}}{s} = 2\frac{e^{-5s}}{s} - \frac{1}{s} - \frac{e^{-10s}}{s}$$

b. $g(t) = \begin{cases} 0 & 0 \leqslant t < \pi \\ e^{2t+\pi} & t \geqslant \pi \end{cases}$

$$\mathcal{L}\{g(t)\} = \int_\pi^\infty e^{(2-s)t+\pi}dt = \frac{e^{(2-s)t+\pi}}{2-s}\bigg]_{t=\pi}^{t=\infty}$$

$$\mathcal{L}\{g(t)\} = e^\pi\left(\lim_{t\to\infty}\frac{e^{(2-s)t}}{2-s}\right) - \frac{e^{(2-s)\pi+\pi}}{2-s} = 0 - \frac{e^{3\pi-\pi s}}{2-s}$$

Orden Exponencial

La integral impropia de la Transformada de Laplace no siempre converge, por ejemplo las funciones $1/t$, $\ln t$ y e^{t^2} no tienen transformada de Laplace. Si f tiene orden exponencial, entonces su transformada de Laplace existe.

> **Orden Exponencial**
>
> Una función es de **orden exponencial c** si existen constantes c, $M > 0$ y $T > 0$ tales que $|f(t)| \leqslant Me^{ct}$ para toda $t > T$.

Por lo que $f(t)$ es de orden exponencial si el siguiente límite existe (o es finito).

$$\lim_{t\to\infty}\left|\frac{f(t)}{e^{ct}}\right| \leqslant M$$

Las condiciones suficientes que garantizan la existencia de la transformada de Laplace son:

1. $f(t)$ es continua por tramos en $[0, \infty)$ (no hay AVs, sólo agujeros y saltos).

2. $f(t)$ es orden exponencial.

Ambas condiciones no son necesarias para que la transformada exista, por ejemplo:

- $f(t) = \sqrt{t}$ no es continua en $x = 0$ pero su transformada de Laplace existe.
- $g(t) = 2te^{t^2}\sin(e^{t^2})$ no es de orden exponencial pero tiene transformada de Laplace.

Ejercicio 3: Analice si las siguientes funciones son de orden exponencial.

a. e^{t^3} NO es de orden exponencial porque

$$\lim_{t\to\infty} \frac{e^{t^3}}{e^{ct}} = \lim_{t\to\infty} e^{t^3-ct} \to \infty$$

b. $e^{10,000t}$ Si es de orden exponencial utilice $c = 10,000$

$$\lim_{t\to\infty} \frac{e^{10,000t}}{e^{ct}} = \lim_{t\to\infty} e^{(10,000-c)t} = e^0 = 1$$

c. $e^{\sin t}$ Como $e^{-1} \leqslant e^{\sin t} \leqslant e^1$, esta función también es de orden exponencial.

$$\lim_{t\to\infty} \frac{e^{\sin t}}{e^{ct}} \leqslant \lim_{t\to\infty} \frac{e}{e^{ct}} = 0, \qquad c > 0$$

18. Transformada Inversa de Laplace (7.2)

Si $F(s)$ representa a la transformada de Laplace de $f(t)$, $F(s) = \mathcal{L}\{f(t)\}$, entonces $f(t)$ es la transformada inversa de $F(s)$, denotada como $\mathcal{L}^{-1}\{F(s)\}$.

$$f(t) = \mathcal{L}^{-1}\{F(s)\}$$

Como $\mathcal{L}\{f(t)\}$ es única, entonces su inversa también es única $\mathcal{L}^{-1}\{\mathcal{L}\{f(t)\}\} = f(t)$.

Ejemplos: *Utilice la tabla de transformadas en reversa.*

$$\mathcal{L}\{10\} = \frac{10}{s} \qquad\qquad \mathcal{L}^{-1}\left\{\frac{10}{s}\right\} = 10$$

$$\mathcal{L}^{-1}\left\{\frac{1}{s^2}\right\} = t \qquad\qquad \mathcal{L}^{-1}\left\{\frac{1}{s-8}\right\} = e^{8t}$$

La transformada inversa también es una operación lineal.

$$\mathcal{L}^{-1}\{\alpha F(s) + \beta G(s)\} = \alpha \mathcal{L}^{-1}\{F(s)\} + \beta \mathcal{L}^{-1}\{G(s)\}$$

Tabla de Transformadas Inversas

- $\mathcal{L}^{-1}\left\{\dfrac{1}{s}\right\} = 1$
- $\mathcal{L}^{-1}\left\{\dfrac{1}{s^{n+1}}\right\} = \dfrac{t^n}{n!}$
- $\mathcal{L}^{-1}\left\{\dfrac{k}{s^2+k^2}\right\} = \sin(kt)$
- $\mathcal{L}^{-1}\left\{\dfrac{s}{s^2+k^2}\right\} = \cos(kt)$
- $\mathcal{L}^{-1}\left\{\dfrac{k}{s^2-k^2}\right\} = \sinh(kt)$
- $\mathcal{L}^{-1}\left\{\dfrac{s}{s^2-k^2}\right\} = \cosh(kt)$
- $\mathcal{L}^{-1}\left\{\dfrac{1}{s-a}\right\} = e^{at}$
- $\mathcal{L}^{-1}\left\{\dfrac{e^{-as}}{s}\right\} = \mathcal{U}(t-a)$

Observaciones:

- Dada una transformada de Laplace $F(s)$, no se puede calcular directamente la transformada inversa de $F(s)$.

- Si $F(s)$ no concuerda con una transformada inversa básica, $F(s)$ se puede reescribir multiplicando o dividiendo por una constante apropiada.

Ejercicio 1: Encuentre la función $f(t)$ dada $F(s)$. Utilice la propiedad de linealidad.

a. $\mathcal{L}^{-1}\left\{\dfrac{1}{s^3}\right\} = \dfrac{t^2}{2!} = \dfrac{t^2}{2}$

b. $\mathcal{L}^{-1}\left\{\dfrac{1}{s+10} - \dfrac{11}{s^2+121}\right\} = \mathcal{L}^{-1}\left\{\dfrac{1}{s+10}\right\} - \mathcal{L}^{-1}\left\{\dfrac{11}{s^2+121}\right\} = e^{-10t} - \sin(11t)$

c. $\mathcal{L}^{-1}\left\{\dfrac{e^{-10s}}{s} + \dfrac{6s}{s^2-36}\right\} = \mathcal{L}^{-1}\left\{\dfrac{e^{-10s}}{s}\right\} + 6\mathcal{L}^{-1}\left\{\dfrac{s}{s^2-36}\right\} = \mathcal{U}(t+10) + 6\cosh(6t)$

d. $\mathcal{L}^{-1}\left\{\dfrac{8-4s}{s^2-64}\right\} = \mathcal{L}^{-1}\left\{\dfrac{8}{s^2-64}\right\} - 4\mathcal{L}^{-1}\left\{\dfrac{s}{s^2-64}\right\} = \sinh(8t) - 4\cosh(8t)$

Fracciones Parciales: Para encontrar las transformadas inversas de las funciones racionales es necesario descomponerlas en fracciones parciales para aplicar las transformadas inversas para las funciones exponenciales y trigonométricas.

Factores Lineales Distintos: $\qquad \dfrac{P(s)}{(s+a)(s+b)} = \dfrac{A}{s+a} + \dfrac{B}{s+b}$

Factores Cuadráticos Distintos: $\qquad \dfrac{P(s)}{(s^2+a^2)(s^2+b^2)} = \dfrac{As+B}{s^2+a^2} + \dfrac{Cs+D}{s^2+b^2}$

Si el factor cuadrático $as^2 + bs + c$ es irreducible, adicionalmente hay que completar el cuadrado del denominador.

Ejercicio 2: Encuentre la función $f(t)$ dada $F(s)$.

a. $\mathcal{L}^{-1}\left\{\dfrac{4s+1}{s^2+5s+4}\right\}$

Factorice el denominador y utilice fracciones parciales.

$$\dfrac{4s+1}{s^2+5s+4} = \dfrac{A}{s+4} + \dfrac{B}{s+1} = \dfrac{5}{s+4} - \dfrac{1}{s+1}$$

$$\begin{aligned} A(s+1) + B(s+4) &= 4s+1 \\ -3A \quad + \quad 0 &= -15, \quad \Rightarrow \quad A = 5 \\ 0 \quad + \quad 3B &= -3, \quad \Rightarrow \quad B = -1 \end{aligned}$$

$$\mathcal{L}^{-1}\left\{\dfrac{4s+1}{s^2+5s+4}\right\} = 5e^{-4t} - e^{-t}$$

b. $\mathcal{L}^{-1}\left\{\dfrac{(s+1)^3}{s^4}\right\}$

No es necesario utilizar fracciones parciales, desarrolle el numerador y simplifique:

$$\frac{(s+1)^3}{s^4} = \frac{s^3 + 3s^2 + 3s + 1}{s^4} = \frac{1}{s} + \frac{3}{s^2} + \frac{3}{s^3} + \frac{1}{s^4}$$

$$\mathcal{L}^{-1}\left\{\frac{(s+1)^3}{s^4}\right\} = 1 + 3t + \frac{3}{2}t^2 + \frac{t^3}{6}$$

c. $\mathcal{L}^{-1}\left\{\dfrac{6}{s^2+3s}\right\}$ Factorice el denominador y utilice fracciones parciales.

$$\frac{6}{s^2+3s} = \frac{A}{s} + \frac{B}{s+3} = \frac{2}{s} - \frac{2}{s+3}$$

$$\mathcal{L}^{-1}\left\{\frac{6}{s^2+3s}\right\} = 2\mathcal{L}^{-1}\left\{\frac{1}{s}\right\} - 2\mathcal{L}^{-1}\left\{\frac{1}{s+3}\right\} = 2 - 2e^{-3t}$$

Transformadas de Derivadas

Las transformadas de Laplace permiten reescribir una ED en una ec. algebraica.

Encuentre $f'(t)$ y $f''(t)$, asuma que la función y sus derivadas son de orden exponencial.

$$\mathcal{L}\{f'(t)\} = \int_0^\infty f'(t)e^{-st}dt = \left. e^{-st}f(t)\right]_0^\infty + s\int_0^\infty f(t)e^{-st}dt$$
$$= -e^0 f(0) + sF(s) = sF(s) - f(0)$$
$$\mathcal{L}\{f''(t)\} = \int_0^\infty f''(t)e^{-st}dt = \left. e^{-st}f'(t)\right]_0^\infty + s\int_0^\infty f'(t)e^{-st}dt$$
$$= -f'(0) + s[sF(s) - f(0)] = s^2 F(s) - sf(0) - f'(0)$$

Las transformadas de las derivadas de orden superior se encuentran utilizando integración por partes y las transformadas de las otras derivadas.

Transformada de Laplace para la n-ésima derivada

Si f y sus derivadas f', f'', $\cdots f^{(n-1)}$ son continuas por tramos en $[0,\infty]$ y de orden exponencial, entonces:

$$\mathcal{L}\{f^{(n)}(t)\} = s^n F(s) - s^{n-1}f(0) - s^{n-2}f'(0) - \cdots - sf^{(n-2)}(0) - f^{(n-1)}(0)$$

Esta propiedad permite resolver ecuaciones diferenciales lineales con coeficientes constantes.

Por ejemplo, para la ED lineal de tercer orden:

$$a_3 \frac{d^3y}{dt^3} + a_2 \frac{d^2y}{dt^2} + a_1 \frac{dy}{dt} + a_0 y = g(t)$$

$$y(0) = y_0, \qquad y'(0) = y_1, \qquad y''(0) = y_2$$

aplique la Transformada de Laplace y use linearidad.

$$a_3 \mathcal{L}\{y'''\} + a_2 \mathcal{L}\{y''\} + a_1 \mathcal{L}\{y'\} + a_0 \mathcal{L}\{y\} = \mathcal{L}\{g(t)\}$$

$$a_3(s^3 Y(s) - s^2 y_0 - s y_1 - y_2) + a_2(s^2 Y(s) - s y_0 - y_1) + a_1(s Y(s) - y_0) + a_0 Y(s) = G(s)$$

Utilice las siguientes funciones para reescribir la ecuación algebraica para $Y(s)$.

$$Q(s) = a_3 s^3 + a_2 s^2 + a_1 s + a_0$$

$$P(s) = a_3(s^2 y_0 + s y_1 + y_2) + a_2(s y_0 + y_1) + a_1 y_0$$

La ec. algebraica es:

$$Q(s) Y(s) - P(s) = G(s)$$

$$Y(s) = \frac{P(s)}{Q(s)} + \frac{G(s)}{Q(s)}$$

$Q(s)$ es un polinomio de grado 3, la solución de la ED es: $y(t) = \mathcal{L}^{-1}\{Y(s)\}$.

Ejercicio 3: Resuelva las siguientes EDs de 1er orden.

a. $\dfrac{dy}{dt} + y = t, \qquad y(0) = -3$.

$$(sY(s) - y(0)) + Y(s) = \frac{1}{s^2}$$

$$sY(s) + 3 + Y(s) = \frac{1}{s^2}$$

$$Y(s)[s+1] = \frac{1}{s^2} - 3$$

$$Y(s) = \frac{1}{s^2(s+1)} - \frac{3}{s+1} = \frac{1 - 3s^2}{s^2(s+1)}$$

Utilice fracciones parciales

$$\frac{1 - 3s^2}{s^2(s+1)} = \frac{A}{s} + \frac{B}{s^2} + \frac{C}{s+1}$$

$$1 - 3s^2 = As^2 + As + Bs + B + Cs^2$$

$$B = 1,$$

$$A + B = 0, \qquad \Rightarrow \qquad A = -1$$

$$A + C = -3, \qquad \Rightarrow \qquad C = -2$$

La solución es: $y(t) = \mathcal{L}^{-1}\left\{-\dfrac{1}{s} + \dfrac{1}{s^2} - \dfrac{2}{s+1}\right\} = -1 + t - 2e^{-t}$.

b. $y' - y = 52\cos(5t)$, $\quad y(0) = 0$.

$$sY(s) - Y(s) = \frac{52s}{s^2 + 25}$$

$$Y(s) = \frac{52s}{(s^2 + 25)(s - 1)}$$

Utilice fracciones parciales

$$\frac{52s}{(s^2 + 25)(s - 1)} = \frac{A}{s - 1} + \frac{B + Cs}{s^2 + 25}$$

$$52s = As^2 + 25A + Bs - B + Cs^2 - Cs$$

$(A + C)s^2 = 0, \quad \Rightarrow \quad A = -C$

$(B - C)s = 52, \quad \Rightarrow \quad (B + A) = 52 \quad \Rightarrow \quad -26C = 52$

$25A - B = 0, \quad \Rightarrow \quad B = 25A \quad \Rightarrow \quad B = -25C$

La solución del sistema de ecuaciones es: $\quad A = 2, \ B = 50, \ C = -2$.

La solución de la ED es:

$$y(t) = \mathcal{L}^{-1}\left\{\frac{2}{s - 1} + 10\frac{5}{s^2 + 25} - 2\frac{s}{s^2 + 25}\right\}$$

$$y(t) = 2e^t + 10\sin(5t) - 2\cos(5t)$$

Ejercicio 4: Resuelva las siguientes EDs de 2do orden.

a. $y'' + 6y' + 5y = 0$, $\quad y(0) = 1$, $\quad y'(0) = 0$.

$$s^2Y(s) - sy(0) - y'(0) + 6sY(s) - 6y(0) + 5Y(s) = 0$$

$$(s^2 + 6s + 5)Y(s) - s - 6 = 0$$

$$Y(s) = \frac{s + 6}{s^2 + 6s + 5} = \frac{A}{s + 5} + \frac{B}{s + 1}$$

Multiplique por $(s + 5)(s + 1)$ para encontrar A y B.

Evalúe en $\qquad A(s + 1) + B(s + 5) = s + 6$

$s = -5: \qquad -4A + 0B = 1$

$s = -1: \qquad 0A + 4B = 5$

$$Y(s) = -\frac{1}{4}\frac{1}{s + 5} + \frac{5}{4}\frac{1}{s + 1}$$

$$y(t) = -\frac{1}{4}e^{-5t} + \frac{5}{4}e^{-t}$$

b. $y'' + 9y = 10e^t,$ $y(0) = 0,$ $y'(0) = 1$.

$$s^2 Y(s) - sy(0) - y'(0) + 9Y(s) = \frac{10}{s-1}$$

$$(s^2 + 9)Y(s) = \frac{10}{s-1} + 1 = \frac{9+s}{s-1}$$

$$Y(s) = \frac{9+s}{(s-1)(s^2+9)} = \frac{A}{s-1} + \frac{B+Cs}{s^2+9}$$

Multiplique por $(s-1)(s^2+9)$ para encontrar A, B y C.

$$A(s^2+9) + B(s-1) + Cs(s-1) = 9+s$$
$$(A+C)s^2 = 0 \quad \Rightarrow \quad C = -A$$
$$(B-C)s = s \quad \Rightarrow \quad B = 1+C$$
$$9A - B = 9 \quad \Rightarrow \quad B = 9A - 9$$

Sustituya la 1ra ec. en la 2da para obtener que $B = 1 - A$; luego sustituya esta expresión en la 3ra ec. para obtener que $1 - A = 9A - 9$.

Por lo que $A = 1$, $B = 0$ y $C = -1$.

$$Y(s) = \frac{1}{s-1} + 0 - \frac{s}{s^2+9}$$
$$y(t) = e^t - \cos(3t)$$

19. Traslaciones en los ejes (7.3)

(7.3.1) Traslación en el eje-s

Utilice la definición de la transformada de Laplace para encontrar $\mathcal{L}\{te^{at}\}$.

$$\mathcal{L}\{te^{at}\} = \int_0^\infty te^{-t(s-a)}dt = \frac{t}{s-a}e^{-t(s-a)}\Big]_\infty^0 + \frac{1}{s-a}\int_0^\infty e^{-t(s-a)}dt$$

$$= 0 - 0 + \frac{1}{(s-a)^2}e^{-t(s-a)}\Big]_\infty^0 = \frac{1}{(s-a)^2}$$

Como se conoce que $\mathcal{L}\{t\} = \dfrac{1}{s^2}$ y $\mathcal{L}\{e^{at}\} = \dfrac{1}{s-a}$.

La transformada de te^{at} se puede encontrar sólo trasladando la transformada de t a unidades a la derecha.

En general, si $F(s) = \mathcal{L}\{f(t)\}$, entonces

$$\mathcal{L}\{f(t)e^{at}\} = \int_0^\infty f(t)e^{at}e^{-st}dt = \int_0^\infty f(t)e^{-t(s-a)}dt = F(s-a)$$

> **Teorema: Traslación en el eje s**
>
> Si $\mathcal{L}\{f(t)\} = F(s)$, entonces $\mathcal{L}\{f(t)e^{at}\} = F(s-a)$.

Ejercicio 1: Encuentre las siguientes transformadas.

a. $\mathcal{L}\left\{e^{-7t}t^4\right\}$ Como $F(s) = \mathcal{L}\left\{t^4\right\} = \dfrac{4!}{s^5}$.

$$\mathcal{L}\left\{e^{-7t}t^4\right\} = F(s+7) = \frac{24}{(s+7)^5}$$

b. $\mathcal{L}\left\{e^{8t}\sinh(3t)\right\}$ Como $G(s) = \mathcal{L}\left\{\sinh(3t)\right\} = \dfrac{3}{s^2-9}$.

$$\mathcal{L}\left\{e^{8t}\sinh(3t)\right\} = G(s-8) = \frac{3}{(s-8)^2-9} = \frac{3}{s^2-16s+55}$$

c. $\mathcal{L}\left\{\mathcal{U}(t-2)e^{-3t}\right\}$ Como $U(s) = \mathcal{L}\left\{\mathcal{U}(t-2)\right\} = \dfrac{e^{-2s}}{s}$.

$$\mathcal{L}\left\{\mathcal{U}(t-2)e^{-3t}\right\} = U(s+3) = \frac{e^{-2(s+3)}}{s+3}$$

Transformadas Adicionales

Se obtienen utilizando la propiedad de traslación en el eje s.

- $\mathcal{L}\{e^{at}t^n\} = \dfrac{n!}{(s-a)^{n+1}}$
- $\mathcal{L}^{-1}\left\{\dfrac{1}{(s-a)^{n+1}}\right\} = \dfrac{1}{n!}e^{at}t^n$

- $\mathcal{L}\{e^{at}\sin(kt)\} = \dfrac{k}{(s-a)^2 + k^2}$
- $\mathcal{L}^{-1}\left\{\dfrac{1}{(s-a)^2 + k^2}\right\} = \dfrac{1}{k}e^{at}\sin(kt)$

- $\mathcal{L}\{e^{at}\cos(kt)\} = \dfrac{s-a}{(s-a)^2 + k^2}$
- $\mathcal{L}^{-1}\left\{\dfrac{s-a}{(s-a)^2 + k^2}\right\} = e^{at}\cos(kt)$

- $\mathcal{L}\{e^{at}\sinh(kt)\} = \dfrac{k}{(s-a)^2 - k^2}$
- $\mathcal{L}^{-1}\left\{\dfrac{1}{(s-a)^2 - k^2}\right\} = \dfrac{1}{k}e^{at}\sinh(kt)$

- $\mathcal{L}\{e^{at}\cosh(kt)\} = \dfrac{s-a}{(s-a)^2 - k^2}$
- $\mathcal{L}^{-1}\left\{\dfrac{s-a}{(s-a)^2 - k^2}\right\} = e^{at}\cosh(kt)$

La traslación en el eje s tiene su transformada inversa.

Transformada Inversa, traslación en el eje s

Como $\mathcal{L}\{e^{at}f(t)\} = F(s-a)$, entonces $\mathcal{L}^{-1}\{F(s-a)\} = e^{at}f(t)$.

Ejercicio 2: Encuentre las transformadas inversas de las siguientes funciones.

a. $\mathcal{L}^{-1}\left\{\dfrac{s+4}{s^2 + 4s + 8}\right\}$

Complete el cuadrado del denominador $s^2 + 4s + 8 = (s+2)^2 + 4$.
Reescriba la fracción como:

$$\dfrac{s+4}{s^2 + 4s + 8} = \dfrac{s+2}{(s+2)^2 + 2^2} + \dfrac{2}{(s+2)^2 + 2^2}$$

Utilice las transformadas inversas para $e^{-at}\sin(kt)$ y $e^{-at}\cos(kt)$.

$$\mathcal{L}^{-1}\left\{\dfrac{s+4}{s^2 + 4s + 8}\right\} = \mathcal{L}^{-1}\left\{\dfrac{s+2}{s^2 + 4s + 8}\right\} + \mathcal{L}^{-1}\left\{\dfrac{2}{s^2 + 4s + 8}\right\}$$
$$= e^{-2t}\cos(2t) + e^{-2t}\sin(2t)$$

b. $\mathcal{L}^{-1}\left\{\dfrac{1}{s^4 + 4s^3 + 6s^2 + 4s + 1}\right\}$ El denominador se puede factorizar.

$$\mathcal{L}^{-1}\left\{\dfrac{1}{s^4 + 4s^3 + 6s^2 + 4s + 1}\right\} = \mathcal{L}^{-1}\left\{\dfrac{1}{(s+1)^4}\right\} = \dfrac{t^3 e^{-t}}{3!} = \dfrac{t^3 e^{-t}}{6}$$

Sistema Masa Resorte Amortiguado

Ejercicio 3: Resuelva el problema de valor inicial.

$$x'' + 6x' + 34x = 0$$
$$x(0) = 3, \qquad x'(0) = 1$$

Aplique la transformada de Laplace $X(s) = \mathcal{L}\{\, x(t)\, \}$.

$$s^2 X(s) - sx(0) - x'(0) + 6sX(s) - 6x(0) + 34X(s) = 0$$
$$X(s)[s^2 + 6s + 34] - 3s - 1 - 18 = 0$$
$$X(s) = \frac{3s + 19}{s^2 + 6s + 34}$$

Complete el cuadrado del denominador

$$s^2 + 6s + 34 = s^2 + 6s + 9 + 25 = (s+3)^2 + 5^2$$

Reescriba la fracción como:

$$\frac{3s+19}{s^2+6s+34} = \frac{3s+9}{(s+3)^2+5^2} + \frac{10}{(s+3)^2+5^2}$$

Utilice las transformadas inversas para $e^{-at}\sin(kt)$, $e^{-at}\cos(kt)$ y $x(t) = \mathcal{L}^{-1}\{X(s)\}$.

$$\mathcal{L}^{-1}\left\{\frac{3s+19}{s^2+6s+34}\right\} = 3\mathcal{L}^{-1}\left\{\frac{s+3}{(s+3)^2+5^2}\right\} + 2\mathcal{L}^{-1}\left\{\frac{5}{(s+3)^2+5^2}\right\}$$
$$x(t) = 3e^{-3t}\cos(5t) + 2e^{-3t}\sin(5t)$$

El movimiento de este resorte es subamortiguado, el término de amortiguamiento es e^{-3t} y el desplazamiento del resorte tiende a cero a medida que $t \to \infty$.

Esta ED es lineal también se puede resolver proponiendo que $x(t) = e^{rt}$.

Ec. Característica:	$r^2 + 6r + 34 = 0$	
Raíces:	$r = \dfrac{-6 \pm \sqrt{36 - 136}}{2} = -3 \pm 5i$	
Soln. General:	$x(t) = c_1 e^{-3t}\cos(5t) + c_2 e^{-3t}\sin(5t)$	
Derivada:	$x'(t) = -3c_1 e^{-3t}\cos(5t) - 5c_1 e^{-3t}\sin(5t)$	
	$\qquad\; = -3c_2 e^{-3t}\sin(5t) + 5c_2 e^{-3t}\cos(5t)$	
Use las CIs:	$x(0) = c_1 = 3$	
	$x'(0) = -3c_1 + 5c_2 = 1, \qquad 5c_2 = 10$	
Soln. PVI:	$x(t) = 3e^{-3t}\cos(5t) + 2e^{-3t}\sin(5t)$	

(7.3.2) Traslación en el eje-t

Considere a la función escalón unitaria.

$$\mathcal{U}(t-a) = \begin{cases} 0 & t < a \\ 1 & t \geq a \end{cases}$$

La transformada de Laplace de $\mathcal{U}(t-a)$ es:

$$\mathcal{L}\{\mathcal{U}(t-a)\} = \int_0^\infty \mathcal{U}(t-a)e^{-st}dt = \int_a^\infty e^{-st}dt$$

$$= \left.\frac{e^{-st}}{s}\right]_{t\to\infty}^{t=a} = \frac{e^{-as}}{s}$$

La multiplicación de $f(t)$ por la función escalón $f(t)\mathcal{U}(t-a)$ apaga la parte de la gráfica de $f(t)$ antes de $t=a$.

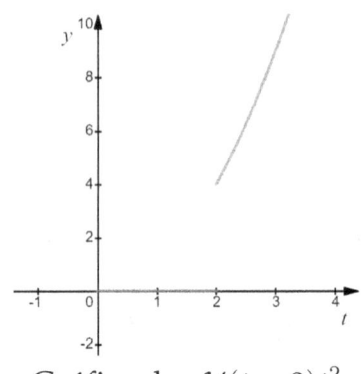

Gráfica de $\mathcal{U}(t-2)t^2$

Encuentre la transformada de Laplace de $f(t-a)\,\mathcal{U}(t-a)$.

$$\mathcal{L}\{f(t-a)\mathcal{U}(t-a)\} = \int_0^\infty f(t-a)\mathcal{U}(t-a)e^{-st}\,dt = \int_a^\infty f(t-a)e^{-st}dt$$

Utilice la sustitución $w = t-a \quad dw = dt, \quad w(a)=0,\ w(\infty)=\infty$.

$$\int_a^\infty f(t-a)e^{-st}\,dt = \int_0^\infty f(w)e^{-s(w+a)}\,dw = e^{-as}\int_0^\infty f(w)e^{-sw}\,dw = e^{-as}F(s)$$

Utilice la transformada de Laplace de $f(t)$: $\quad \mathcal{L}\{f(t)\} = \int_0^\infty f(t)e^{-st}\,dt = F(s)$.

Teorema: Traslación en el eje t

Si $\mathcal{L}\{f(t)\} = F(s)$, entonces $\mathcal{L}\{f(t-a)\mathcal{U}(t-a)\} = e^{-as}F(s)$.

La transformada inversa de esta traslación es:

$$\mathcal{L}^{-1}\{e^{-as}F(s)\} = f(t-a)\mathcal{U}(t-a)$$

Muchas veces la función $g(t)$ no está desplazada por lo que es conveniente utilizar una forma alternativa para la traslación en el eje t.

Forma Alternativa: Traslación en el eje t

$$\mathcal{L}\{g(t)\mathcal{U}(t-a)\} = e^{-as}\mathcal{L}\{g(t+a)\}$$

Ejercicio 4: Encuentre las siguientes transformadas inversas de Laplace.

a. $\mathcal{L}^{-1}\left\{\dfrac{e^{6s}}{s+7}\right\}$,   Use $\mathcal{L}^{-1}\left\{\dfrac{1}{s+7}\right\} = e^{-7t}$.

Utilice la propiedad de traslación en el eje t, $a = -6$ desplace t 6 unidades a la izquierda.

$$\mathcal{L}^{-1}\left\{\dfrac{e^{6s}}{s+7}\right\} = \mathcal{U}(t+6)e^{-7(t+6)}$$

b. $\mathcal{L}^{-1}\left\{\dfrac{e^{-3s}}{s^3}\right\}$ Use $\mathcal{L}^{-1}\left\{\dfrac{1}{s^3}\right\} = \dfrac{t^2}{2!}$.

Utilice la propiedad de traslación en el eje t, $a = -3$ desplace t 3 unidades a la derecha.

$$\mathcal{L}^{-1}\left\{\dfrac{e^{-3s}}{s^3}\right\} = \tfrac{1}{2}\mathcal{U}(t-3)(t-3)^2$$

Ejercicio 5: Encuentre las transformadas de Laplace de las siguientes funciones.

a. $\mathcal{L}\{\sin(2(t-\pi))\mathcal{U}(t-\pi)\} = e^{-\pi s}\mathcal{L}\{\sin(2t)\} = \dfrac{2e^{-\pi s}}{s^2+4}$.

La función ya está desplazada sólo se aplica la traslación en el eje t.

b. $\mathcal{L}\{\sin(t)\mathcal{U}(t-\pi)\} = e^{-\pi s}\mathcal{L}\{\sin(t+\pi)\}$.

En este caso se tiene que utilizar la forma alternativa de la traslación en el eje t.
Utilice la suma de ángulos para seno.

$$\sin(t+\pi) = \sin(t)\cos(\pi) + \cos(t)\sin(\pi) = -\sin(t)$$

$$e^{-\pi s}\mathcal{L}\{\sin(t+\pi)\} = -e^{-\pi s}\mathcal{L}\{\sin(t)\} = -\dfrac{e^{-\pi s}}{s^2+1}$$

c. $\mathcal{L}\{t^2\mathcal{U}(t-4)\}$ Utilice la forma alternativa de la traslación.

$$\begin{aligned}\mathcal{L}\{t^2\mathcal{U}(t-4)\} &= e^{-4s}\mathcal{L}\{(t+4)^2\}\\ &= e^{-4s}\mathcal{L}\{t^2+8t+16\}\\ &= e^{-4s}\left(\dfrac{2}{s^3}+\dfrac{8}{s^2}+\dfrac{16}{s}\right)\end{aligned}$$

Resolución de EDs con términos inhomogéneos discontinuos

Como la función escalón apaga ciertas partes de la gráfica de $f(t)$ y tiene una transformada de Laplace, la función escalón se puede utilizar para escribir de manera compacta funciones discontinuas o definidas por tramos. Por ejemplo las siguientes funciones

$$f(t) = \begin{cases} f_1(t) & t < a \\ f_2(t) & t \geq a \end{cases} \qquad g(t) = \begin{cases} 0 & t < a \\ g_1(t) & a \leq t < b \\ 0 & t \geq b \end{cases}$$

se pueden reescribir como la combinación de las siguientes funciones escalón unitarios.

$$f(t) = f_1(t)\mathscr{U}(t-a) - f_1(t)\mathscr{U}(t-b) + f_2(t)\mathscr{U}(t-b)$$
$$g(t) = g_1(t)\mathscr{U}(t-a) - g_1(t)\mathscr{U}(t-b)$$

Ejercicio 6: Resuelva el PVI.

$$y'' + 4y = \begin{cases} 8 & 0 \leq t < 3 \\ 0 & t \geq 3 \end{cases}, \qquad y(0) = 1,\ y'(0) = -4$$

El término inhomogéneo se puede reescribir como $f(t) = 8 - 8\mathscr{U}(t-3)$.

Aplique la transformada de Laplace $Y(s) = \mathscr{L}\{y(t)\}$.

$$s^2 Y(s) + 4 + Y(s) = 8\frac{(1-e^{-3s})}{s}$$
$$(s^2+4)Y = -4 + 8\frac{(1-e^{-3s})}{s}$$
$$Y = \frac{-4}{s^2+4} + 8\frac{(1-e^{-3s})}{s(s^2+4)}$$

Use fracciones parciales para simplificar el segundo término.

$$\frac{A}{s} + \frac{Bs+C}{s^2+4} = \frac{8}{s(s^2+4)}$$
$$As^2 + 4A + Bs^2 + Cs = 8$$

$s^2:$ $\qquad\qquad\qquad A + B = 0 \quad\Rightarrow\quad B = -A = -2$
$s:$ $\qquad\qquad\qquad C = 0$
$1:$ $\qquad\qquad\qquad 4A = 8 \quad\Rightarrow\quad A = 2$

$$Y = \frac{-4}{s^2+4} + \frac{2}{s} - \frac{2s}{s^2+4} - \frac{2e^{-3s}}{s} + \frac{2se^{-3s}}{s^2+4}$$

Utilice las transformadas inversas de la función escalón, exponencial y sinusoidales.

$$y(t) = -2\sin(2t) + 2 - 2\cos(2t) - 2\mathscr{U}(t-3) + 2\mathscr{U}(t-3)\cos(2(t-3))$$
$$y(t) = \begin{cases} 2 - 2\sin(2t) - 2\cos(2t) & 0 < t < 3 \\ -2\sin(2t) - 2\cos(2t) + 2\cos(2t-6) & t \geq 3 \end{cases}$$

20. Derivadas e Integrales de Transformadas (7.4)

7.4.1 Derivada de una transformada

La transformada de una derivada es:
$$\mathcal{L}\{f'(t)\} = sF(s) - f(0)$$

Ahora, encuentre la derivada de una transformada. Sea $F(s) = \int_0^\infty f(t)e^{-st}dt$.

Intercambie la derivada con la integral.

$$\frac{dF}{ds} = \frac{d}{ds}\left(\int_0^\infty f(t)e^{-st}dt\right) = \int_0^\infty \frac{d}{ds}f(t)e^{-st}dt$$

$$\frac{dF}{ds} = -\int_0^\infty tf(t)e^{-st}dt = -\mathcal{L}\{tf(t)\}$$

Por lo que $\mathcal{L}\{tf(t)\} = -F'(s)$ y $\mathcal{L}^{-1}\{F'(s)\} = -tf(t)$.

Del mismo modo,

$$\mathcal{L}\{t^2 f(t)\} = -\frac{d}{ds}\mathcal{L}\{tf(t)\} = -\frac{d}{ds}\left(-\frac{dF}{ds}\right) = \frac{d^2 F}{ds^2}$$

Teorema: Derivadas de Transformadas

Si $F(s) = \mathcal{L}\{f(t)\}$, entonces.

$$\mathcal{L}\{t^n f(t)\} = (-1)^n \frac{d^n F}{ds^n}$$

$$\mathcal{L}^{-1}\left\{\frac{d^n F}{ds^n}\right\} = (-1)^n t^n f(t)$$

Ejercicio 1: Encuentre las siguientes transformadas.

a. $\mathcal{L}\{t\sin(kt)\} = -\dfrac{d}{ds}\mathcal{L}\{\sin(kt)\} = \dfrac{d}{ds}\left(\dfrac{-k}{s^2+k^2}\right) = \dfrac{2ks}{(s^2+k^2)^2}$

b. $\mathcal{L}\{t^2 e^{4t}\} = \dfrac{d^2}{ds^2}\mathcal{L}\{e^{4t}\} = \dfrac{d^2}{ds^2}\left(\dfrac{1}{s-4}\right) = \dfrac{2}{(s-4)^3}$

Todas las transformadas anteriores se pueden encontrar usando integración por partes, pero de esta forma el procedimiento es más extenso.

7.4.2 Transformadas de Integrales

Para encontrar esta transformada utilice la propiedad $\mathcal{L}\{g'(t)\} = sG(s) - g(0)$.

Si $g(t) = \int_0^t f(x)dx$, entonces $g'(t) = f(t)$ y $g(0) = 0$.

$$\mathcal{L}\{g'(t)\} = s\mathcal{L}\{g(t)\} - g(0)$$

$$\mathcal{L}\{f(t)\} = s\mathcal{L}\left\{\int_0^t f(x)dx\right\} - 0$$

$$F(s) = s\mathcal{L}\left\{\int_0^t f(x)dx\right\}$$

Como se conoce la transformada de $g(t)$ resuelva para la transformada de la integral.

$$\mathcal{L}\left\{\int_0^t f(x)dx\right\} = \frac{F(s)}{s}$$

Teorema: Transformada de una Integral

$$\mathcal{L}\left\{\int_0^t f(x)dx\right\} = \frac{F(s)}{s}$$

$$\mathcal{L}^{-1}\left\{\frac{F(s)}{s}\right\} = \int_0^t f(x)dx$$

Esta propiedad se puede utilizar para encontrar las transformadas inversas de algunas funciones racionales sin necesidad de utilizar fracciones parciales.

Ejercicio 2: Encuentre las transformadas de las siguientes integrales.

Estas funciones se pueden integrar por partes, pero es preferible aplicar la transformada para integrales.

$$\mathcal{L}\left\{\int_0^t f(x)dx\right\} = \frac{F(s)}{s}$$

a. $\int_0^t x^3 e^x dx$ Como $\mathcal{L}\{t^3 e^t\} = \dfrac{3!}{(s-1)^4}$

$$\mathcal{L}\left\{\int_0^t x^3 e^x dx\right\} = \frac{1}{s}\mathcal{L}\{t^3 e^t\} = \frac{6}{s(s-1)^4}$$

b. $\int_0^t e^{4x} \cos(2x)dx$ Como $\mathcal{L}\{e^{4t}\cos(2t)\} = \dfrac{s-4}{(s-4)^2 + 4}$

$$\mathcal{L}\left\{\int_0^t e^{4x}\cos(2x)dx\right\} = \frac{1}{s}\mathcal{L}\{e^{4t}\cos(2t)\} = \frac{s-4}{s[(s-4)^2 + 4]}$$

Ejercicio 3:   *Encuentre las transformadas inversas de las siguientes funciones.*

a. $\mathcal{L}^{-1}\left\{\dfrac{1}{s-a}\right\} = e^{at}$

Para los siguientes incisos utilice la propiedad $\mathcal{L}^{-1}\left\{\dfrac{F(s)}{s}\right\} = \displaystyle\int_0^t f(x)dx$.

b. $\mathcal{L}^{-1}\left\{\dfrac{1}{s(s-a)}\right\} = \displaystyle\int_0^t e^{ax}dx = \dfrac{1}{a}e^{ax}\Big]_0^t = \dfrac{1}{a}\left(e^{at}-1\right)$

c. $\mathcal{L}^{-1}\left\{\dfrac{1}{s^2(s-a)}\right\} = \displaystyle\int_0^t \left(\dfrac{e^{ax}}{a}-\dfrac{1}{a}\right)dx = \dfrac{e^{ax}}{a^2}-\dfrac{x}{a}\Big]_0^t = \dfrac{e^{at}}{a^2}-\dfrac{t}{a}-\dfrac{1}{a^2}$

Ecuaciones Integro Diferenciales

Es una ecuación que involucra integrales y derivadas de una función desconocida $y(t)$. Se encuentran en varias aplicaciones donde una cantidad es la integral de otra cantidad. Por ejemplo, la carga $q(t)$ es la integral de la corriente $i(t)$.

$$q(t) = \int_0^t i(x)\,dx$$

Una ecuación integro diferencial se puede resolver utilizando Transformadas de Laplace para reescribirla como una ecuación algebraica.

Un ejemplo de ecuación integral es el siguiente:

$$y'(t) = f(t) + y(t) + \int_0^t y(x)dx\,, \qquad y(0) = y_o$$

Se reescribe como una ecuación algebraica utilizando las propiedades de transformada de una derivada e integral de una función.

$$sY(s) - y_o = F(s) + Y(s) + \dfrac{Y(s)}{s}$$
$$s^2Y - sy_o = sF(s) + sY(s) + Y(s)$$
$$s^2Y - sY - 1 = sF(s) + sy_0$$
$$Y(s) = \dfrac{sF(s) + sy_o}{s^2 - s - 1}$$

La solución de la ecuación integro diferencial es la transformada inversa de $Y(s)$.

Circuitos RLC

La 2da ley de Kirchhoff establece que la suma de las caídas de voltaje en un inductor, resistor y capacitores es igual al voltaje aplicado.

Como $q(t) = \int_0^t i(x)dx$ la corriente en el circuito se modela por medio de la siguiente ecuación integro diferencial.

$$L\frac{di}{dt} + Ri + \frac{1}{C}\int_0^t i(x)dx = V(t)$$

Como $i = \frac{dq}{dt}$, esta ec. también se puede reescribir como una ED lineal de 2do orden.

$$L\frac{d^2q}{dt^2} + R\frac{dq}{dt} + \frac{1}{C}q = V(t)$$

Ejercicio 3: Determine la corriente del circuito cuando $L = 1$, $R = 20$, $C = 0.01$, $i(0) = 0$. El voltaje aplicado al circuito es: $V(t) = 120 - 120\,\mathcal{U}(t - 2)$.

$$\frac{di}{dt} + 20i + 100\int_0^t i(x)dx = 120 - 120\mathcal{U}(t - 2), \qquad i(0) = 0$$

En este caso la fuente está encendida a 120 V y se apaga después de 2 segundos.

Aplique la transformada de Laplace.

$$sI(s) + 20I(s) + 100\frac{I(s)}{s} = \frac{120}{s} - \frac{120e^{-2s}}{s}$$
$$s^2I(s) + 20sI(s) + 100I(s) = 120 - 120e^{-2s}$$
$$(s+10)^2 I(s) = 120 - 120e^{-2s}$$
$$I(s) = \frac{120}{(s+10)^2} - \frac{120e^{-2s}}{(s+10)^2}$$

Utilice la transformada de traslación en el eje-s.

$$\mathcal{L}^{-1}\left\{\frac{1}{(s+a)^n}\right\} = \frac{e^{-at}t^{n-1}}{(n-1)!}$$

$$i(t) = 120e^{-10t}t - 120e^{-10(t-2)}(t-2)\mathcal{U}(t-2)$$
$$i(t) = 120e^{-10t}[t - e^{20}(t-2)\mathcal{U}(t-2)]$$

Note que después de 2 segundos, el circuito tiene corriente igual a cero.

21. Función Dirac Delta (7.5)

Construcción de la función Dirac Delta

En varios sistemas mecánicos se ejerce una fuerza externa o impulso de gran magnitud que actúa sólo sobre un intervalo de tiempo muy corto.

Este tipo de comportamiento se puede modelar por medio de la función impulso unitario, denotada como $\delta_\epsilon(t-a)$, $\epsilon > 0$ es un parámetro:

$$\delta_\epsilon(t-a) = \begin{cases} 0 & t < a - \epsilon \\ \frac{1}{2\epsilon} & a - \epsilon \leqslant t \leqslant a + \epsilon \\ 0 & t > a + \epsilon \end{cases}$$

La altura de esta función es $\frac{1}{2\epsilon}$ y el ancho es $a + \epsilon - a + \epsilon = 2\epsilon$.

El área de la función impulso unitario para cualquier valor de ϵ es igual a 1.

$$A = \text{largo} \times \text{altura} = \frac{2\epsilon}{2\epsilon} = 1$$

En otra forma

$$\int_0^\infty \delta_\epsilon(t-a)\, dt = 1$$

A medida que $\epsilon \to 0$, el ancho tiende a cero y la altura tiende a infinito.

La "función generalizada" Dirac Delta se define por el límite:

$$\delta(t-a) = \lim_{\epsilon \to 0} \delta_\epsilon(t-a)$$

Se puede definir como la siguiente función por tramos.

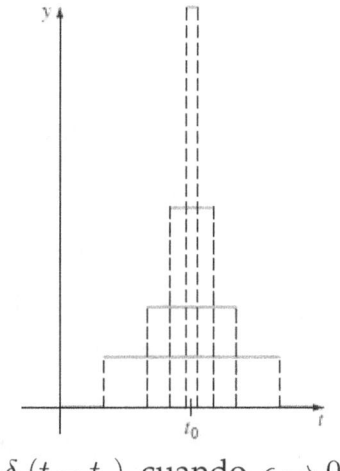

$\delta_\epsilon(t - t_o)$ cuando $\epsilon \to 0$.

$$\delta(t-a) = \begin{cases} 0 & t \neq a \\ \infty & t = a \end{cases}$$

Como Dirac Delta es una función impulso unitario, el área bajo esta curva es igual a 1.

Propiedades de Dirac Delta

a. $\int_0^\infty \delta(t-a)\, dt = 1$

b. $\int_0^\infty f(t)\delta(t-a)\, dt = f(a)$

La Transformada de Dirac Delta se obtiene con la segunda propiedad donde $f(t) = e^{-st}$.

Transformada de Dirac Delta

a. $\mathcal{L}\{\delta(t-a)\} = \int_0^\infty e^{-st}\delta(t-a)\, dt = e^{-as}$

b. $\mathcal{L}^{-1}\{e^{-as}\} = \delta(t-a)$

Relación entre Dirac Delta y la Función Escalón

Observe que las transformadas de Dirac Delta y la función escalón unitario son similares.

$$\mathcal{L}\{\mathcal{U}(t-a)\} = \frac{e^{-as}}{s} \qquad\qquad \mathcal{L}\{\delta(t-a)\} = e^{-as}.$$

La integral de Dirac Delta es igual a la función escalón unitario, use la propiedad :

$$\mathcal{L}\left\{\int_0^t f(x)dx\right\} = \frac{F(s)}{s}$$

$$\mathcal{L}\left\{\int_0^t \delta(x-a)dx\right\} = \frac{\mathcal{L}\{\delta(x-a)\}}{s} = \frac{e^{-as}}{s} = \mathcal{L}\{\mathcal{U}(t-a)\}$$

Adicionalmente, la derivada de la función $\mathcal{U}(t-a)$ es Dirac Delta, note que la función escalón no es diferenciable en el salto $t = a$.

Relación entre Dirac Delta y la función escalón

$$\frac{d\mathcal{U}(t-a)}{dt} = \delta(t-a) \qquad\qquad \int_0^t \delta(x-a)\, dx = \mathcal{U}(t-a)$$

Resolución de una ED con una función de impulso Dirac Delta

Resuelva la siguiente ED inhomogéna:
$$ay'' + by' + cy = \delta(t - t_o), \qquad y(0) = 0, \qquad y'(0) = 0.$$

El sistema está en equilibrio y en posición de reposo, pero el impulso de Dirac Delta ocasiona que el sistema se mueva después de $t = t_o$.

$$as^2 Y + bsY + cY = e^{-st_o} \qquad\qquad Y(s) = \frac{e^{-st_o}}{as^2 + bs + c}$$

Si la transformada inversa de $F(s) = \dfrac{1}{as^2 + bs + c}$ es $f(t)$, la solución de la ED es:

$$y(t) = \mathcal{L}^{-1}\{F(s)e^{-st_o}\} = \mathcal{U}(t - t_o)f(t - t_o)$$

Ejercicio 1: Considere la ED $\quad y'' + y = 4\delta(t - 2\pi)$.

a. Resuelva la ED para las CIs $y(0) = y'(0) = 0$.

Aplique la transformada:	$s^2 Y + 1 = 4e^{-2\pi s}$
Resuelva para $Y(s)$:	$Y(s) = \dfrac{4e^{-2\pi s}}{s^2 + 1}$
Use la propiedad:	$\mathcal{L}^{-1}\{e^{-as}F(s)\} = \mathcal{U}(t-a)f(t-a)$
Transformada Inversa:	$\mathcal{L}^{-1}\left\{\dfrac{4e^{-2\pi s}}{s^2+1}\right\} = 4\mathcal{U}(t-2\pi)\sin(t-2\pi)$
Solución PVI:	$y(t) = 4\mathcal{U}(t-2\pi)\sin(t)$
	$y(t) = \begin{cases} 0 & t < 2\pi \\ 4\sin(t) & t \geqslant 2\pi \end{cases}$

Note que el sistema está en equilibrio, pero sólo el impulso súbito en $t = 2\pi$ mueve al sistema en un movimiento armónico.

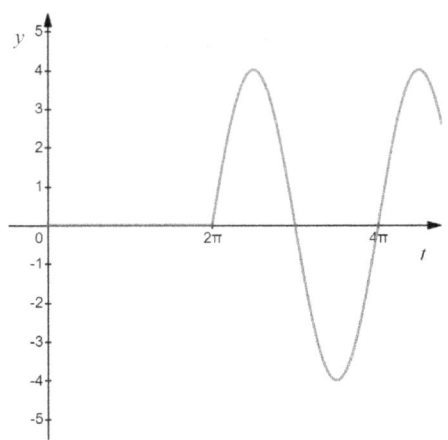

Gráfica de $\;4\,\mathcal{U}(t - 2\pi)\sin(t)$

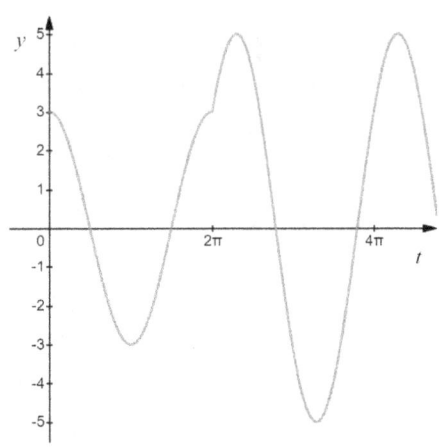

Gráfica de $\;4\,\mathcal{U}(t - 2\pi)\sin(t) + 3\cos(t)$

b. Resuelva la ED para las CIs $y(0) = 3$, $y'(0) = 0$.

Aplique la transformada: $\quad s^2 Y - 3s + Y = 4e^{-2\pi s}$

Resuelva para $Y(s)$:
$$Y(s) = \frac{4e^{-2\pi s} + 3s}{s^2 + 1}$$

$$Y(s) = 4\frac{e^{-2\pi s}}{s^2 + 1} + 3\frac{s}{s^2 + 1}$$

Transformada Inversa: $\quad \mathcal{L}^{-1}\{Y(s)\} = 3\cos(t) + 4\mathcal{U}(t - 2\pi)\sin(t - 2\pi)$

Solución PVI: $\quad y(t) = 3\cos(t) + 4\mathcal{U}(t - 2\pi)\sin(t)$

$$y(t) = \begin{cases} 3\cos(t) & t < 2\pi \\ 3\cos(t) + 4\sin(t) & t \geqslant 2\pi \end{cases}$$

En este caso, la función Dirac Delta aumenta súbitamente la amplitud de 3 a 5.

Ecuación Diferencial de un Circuito RLC

El circuito está abierto en $0 < t < a$ y se cierra después de $t = a$ $V(t) = V_o(1 - \mathcal{U}(t - a))$.

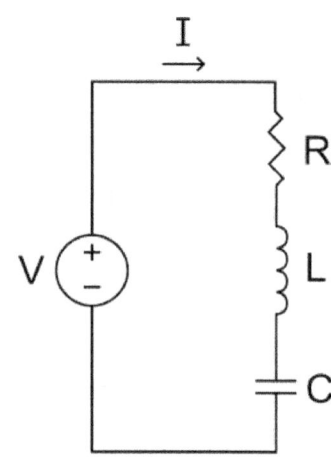

$$L\frac{di}{dt} + Ri + \frac{q}{C} = V(t)$$

La ED se puede expresar sólo en términos de $i(t)$ si se deriva respecto a t y se usa $i = q'(t)$.

$$L\frac{d^2 i}{dt^2} + R\frac{di}{dt} + \frac{i}{C} = V'(t)$$

Como la derivada de la función escalón es Dirac Delta.

$$V'(t) = -V_o \delta(t - a)$$

Las condiciones iniciales son $q(0) = i(0) = 0$, para encontrar la condición inicial en $i'(t)$ evalúe la primera ED en $t = 0$.

$$Li'(0) + Ri(0) + \frac{q(0)}{C} = V(0) = V_o$$

$$i'(0) + 0 + 0 = \frac{V_o}{L}$$

Ejercicio 2: Encuentre la corriente del circuito RLC para
$$L = 1\,H, \quad R = 110\,\Omega, \quad V_o = 90\,V, \quad C = 0.001\,F, \quad a = 1\,s.$$
$$L\frac{d^2i}{dt^2} + R\frac{di}{dt} + \frac{i}{C} = -V_o\delta(t-1)\,, \qquad i(0) = 0\,, \qquad i'(0) = \frac{V_o}{L}\,.$$

Aplique la transformada y sustituya los valores dados para obtener
$$\left(Ls^2 + Rs + \frac{1}{C}\right)I = V_o - V_o e^{-s}$$
$$\left(s^2 + 110s + 1000\right)I = 90(1 - e^{-s})$$
$$I(s) = (1 - e^{-s})\frac{90}{s^2 + 110s + 1000}$$

Utilice fracciones parciales
$$\frac{90}{(s+100)(s+10)} = \frac{A}{s+10} + \frac{B}{s+100} = \frac{1}{s+10} - \frac{1}{s+100}$$

La transformada inversa y la corriente en el circuito es:
$$i(t) = \mathcal{L}^{-1}\left\{\frac{1}{s+10} - \frac{e^{-s}}{s+10} - \frac{1}{s+100} + \frac{e^{-s}}{s+100}\right\}$$
$$i(t) = e^{-10t} - \mathcal{U}(t-1)e^{-10(t-1)} - e^{-100t} + \mathcal{U}(t-1)e^{-100(t-1)}$$

La función se escribe por tramos de la siguiente forma:
$$i(t) = \begin{cases} e^{-10t} - e^{-100t} & t < 1 \\ e^{-10t} - e^{-10(t-1)} - e^{-100t} + e^{-100(t-1)} & t \geqslant 1 \end{cases}$$

En la gráfica de $i(t)$ se observa que la corriente disminuye rápidamente a cero pero se vuelve muy negativa después de que se desconecta la fuente de poder, alrededor de los 1.5 s el circuito se queda prácticamente sin corriente.

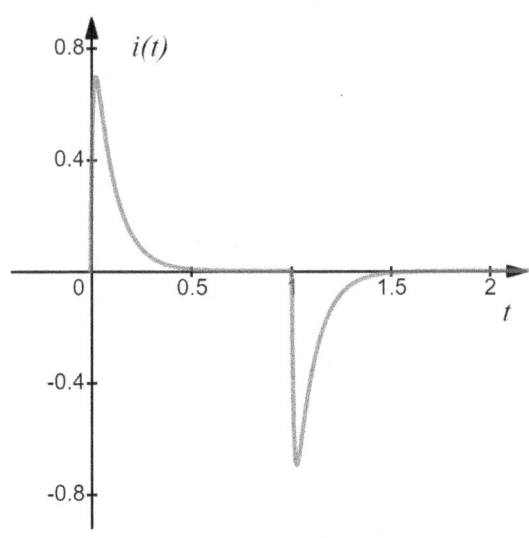

22. Propiedad de Convolución (7.4.2)

Considere la ED de un resorte en resonancia.

$$y''(t) + y(t) = \cos t, \qquad y(0) = y'(0) = 0.$$

Utilice la transformada de Laplace.

$$s^2 Y + Y = \frac{s}{s^2 + 1}$$

$$Y(s) = \frac{s}{s^2 + 1} \frac{1}{s^2 + 1}$$

$$Y(s) = \mathcal{L}\{\cos t\}\mathcal{L}\{\sin t\}$$

Desafortunadamente, la transformada inversa de un producto de transformadas no es igual al producto de las funciones originales.

$$\mathcal{L}^{-1}\{F(s)G(s)\} \neq f(t)g(t)$$
$$\mathcal{L}^{-1}\{\mathcal{L}\{\sin t\}\mathcal{L}\{\cos t\}\} \neq \sin t \cos t$$

Por el momento, no se ha encontrado una transformada inversa para $\dfrac{s}{(s^2+1)^2}$.

Para encontrar esta transformada es necesario utilizar una nueva operación que tenga la propiedad de que la transformada de $h(t)$ es igual al producto de dos transformadas.

$$\mathcal{L}\{h(t)\} = \mathcal{L}\{f(t)\}\mathcal{L}\{g(t)\}$$

Convolución de dos funciones

La convolución entre f y g, denotada como $f * g$, se define como

$$(f * g)(t) = \int_0^t f(x)g(t-x)\, dx$$

La convolución es el equivalente a la regla del producto para transformadas.

Propiedades de la Convolución

- $\mathcal{L}\{(f * g)(t)\} = \mathcal{L}\{f(t)\}\mathcal{L}\{g(t)\} = F(s)G(s)$
- $\mathcal{L}^{-1}\{F(s)G(s)\} = (f * g)(t)$

Adicionalmente, es una operación conmutativa: $\quad (f * g)(t) = (g * f)(t)$.

Estas propiedades se comprueban con la definición de convolución, transformada de Laplace e integrales iteradas.

Ejercicio 1: Resuelva el siguiente problema de valor inicial (PVI):

$$y''(t) + y(t) = \cos t, \qquad y(0) = y'(0) = 0.$$

La transformada de Laplace de este problema es:

$$Y(s) = \frac{s}{s^2+1} \frac{1}{s^2+1} = \mathcal{L}\{\cos t\}\mathcal{L}\{\sin t\}$$

La solución al PVI es la convolución entre $\cos t$ y $\sin t$.

$$y(t) = \cos t * \sin t = \int_0^t \cos(x) \sin(t-x) dx$$

Para integrar esta función utilice las siguientes identidades trigonométricas.

$$\sin A \cos B = \tfrac{1}{2}\left(\sin(A-B) + \sin(A+B)\right)$$
$$\sin A \sin B = \tfrac{1}{2}\left(\cos(A-B) - \cos(A+B)\right)$$
$$\cos A \cos B = \tfrac{1}{2}\left(\cos(A-B) + \sin(A+B)\right)$$

Integre cada término de seno respecto a x (trate a t como una constante).

$$y(t) = \int_0^t \sin(t-x)\cos(x) dx$$
$$y(t) = \frac{1}{2}\int_0^t \sin(t) + \sin(t-2x) dx$$
$$y(t) = \frac{1}{2}\sin t \int_0^t dx + \frac{1}{2}\int_0^t \sin(t-2x) dx$$
$$y(t) = \frac{t}{2}\sin t + \left.\frac{1}{4}\cos(t-2x)\right]_{x=0}^{x=t}$$
$$y(t) = \frac{t}{2}\sin t + \frac{1}{4}\cos(-t) - \frac{1}{4}\cos(t)$$
$$y(t) = \frac{t}{2}\sin t$$

La función coseno es par por lo que los últimos dos términos se cancelan.

Las siguientes transformadas se obtienen por medio de convoluciones.

Transformadas Adicionales

- $\mathcal{L}\{t\sin(kt)\} = \dfrac{2ks}{(s^2+k^2)^2}$

- $\mathcal{L}\{t\cos(kt)\} = \dfrac{s^2-k^2}{(s^2+k^2)^2}$

Ejercicio 2: *Resuelva el siguiente PVI:*

$$y'' + 4y = 20e^t, \qquad x(0) = x'(0) = 0$$

El movimiento es armónico no amortiguado forzado, la forma de la solución es:

$$y(t) = C_1 \sin(2t) + C_2 \cos(2t) + Ae^t$$

Utilice la transformada de Laplace.

$$s^2 Y + 4Y = \frac{20}{s-1}$$

$$Y(s) = \frac{20}{s^2 + 4} \frac{1}{s-1}$$

$$Y(s) = 10 \mathcal{L}\{\sin(2t)\}\mathcal{L}\{e^t\}$$

La transformada inversa es la convolución entre $f(t) = 5\sin(2t)$ y $g(t) = e^t$.

$$y(t) = f(t) * g(t) = \int_0^t 10 \sin(2x) e^{t-x} dx$$

Realice integración por partes cíclica, integre $dv = e^{t-x} dx$ y derive $u = \sin(2x)$

$$10 \int_0^t \sin(2x) e^{t-x} dx = -10 e^{t-x} \sin(2x) \Big]_{x=0}^{x=t} + 20 \int_0^t \cos(2x) e^{t-x} dx$$

$$= -10 \sin(2t) + 0 + 20 \int_0^t \cos(2x) e^{t-x} dx$$

$$= -10 \sin(2t) - 20 e^{t-x} \cos(2x) \Big]_{x=0}^{x=t} - 40 \int_0^t \sin(2x) e^{t-x} dx$$

$$= -10 \sin(2t) - 20 \cos(2t) + 20 e^t - 40 \int_0^t \sin(2x) e^{t-x} dx$$

Resuelva para $10 \int_0^t \sin(2x) e^{t-x} dx$.

$$50 \int_0^t \sin(2x) e^{t-x} dx = -10 \sin(2t) - 20 \cos(2t) + 20 e^t$$

$$10 \int_0^t \sin(2x) e^{t-x} dx = -2 \sin(2t) - 4 \cos(2t) + 4 e^t$$

La solución del PVI es $y(t) = -2\sin(2t) - 4\cos(2t) + 4e^t$.

Observación: También se puede resolver encontrando las fracciones parciales de $Y(s)$.

$$Y(s) = \frac{20}{s^2 + 4} \frac{1}{s-1} = \frac{A}{s^2 + 4} + \frac{Bs}{s^2 + 4} + \frac{C}{s-1}$$

Solución de EDs inhomogéneas utilizando convolución

Considere la siguiente ecuación diferencial con condiciones iniciales iguales a cero.

$$y'' + ay' + by = f(t), \qquad y(0) = y'(0) = 0$$

Utilice la transformada de Laplace.

$$s^2 Y + asY + bY = F(s)$$
$$Y(s) = \frac{F(s)}{s^2 + as + b}$$
$$Y(s) = F(s)G(s)$$

Note que $Y_H(s) = \dfrac{1}{s^2 + as + b}$ es la transformada de la ED homogénea.

Si $y_H(t)$ es la transformada inversa de $G(s)$, entonces la solución de la ED es la convolución entre $g(t)$ y $f(t)$.

$$y(t) = f(t) * y_H(t) = \int_0^t f(x) y_H(t-x)\, dx$$

Este método es una alternativa al método de variación de parámetros.

$$y(t) = c_1 y_1 + c_2 y_2 + u_1 y_1 + u_2 y_2$$

23. Sistemas de Ecuaciones Diferenciales (7.6)

La ecuación diferencial de primer orden:

$$y' = f(x, y)$$

se puede extender a un sistema de ecuaciones diferenciales con n variables dependientes

$$y'_1 = f_1(x, y_1, y_2, \cdots, y_n)$$
$$y'_2 = f_2(x, y_1, y_2, \cdots, y_n)$$
$$\vdots$$
$$y'_n = f_n(x, y_1, y_2, \cdots, y_n)$$

En un sistema de ecuaciones diferenciales lineales, todas las funciones f_i son lineales

$$y'_1 = a_{11}y_1 + a_{12}y_2 + \cdots + a_{1n}y_n + g_1(x)$$
$$y'_2 = a_{21}y_1 + a_{22}y_2 + \cdots + a_{2n}y_n + g_2(x)$$
$$\vdots$$
$$y'_n = a_{n1}y_1 + a_{n2}y_2 + \cdots + a_{nn}y_n + g_n(x)$$

Un sistema de ED lineales se puede resolver utilizando los siguientes métodos.

- 4.9 Eliminación Algebraica
- 7.6 Transformadas de Laplace
- 8 Método de los eigenvalores

Transformadas de Laplace

Con este método se aplica la transformada de Laplace en cada ecuación, luego se resuelve el sistema algebraico lineal de ecuaciones para $Y_1, Y_2, \cdots Y_n$ y se aplica la transformada inversa para encontrar la solución para cada variable $y_1, y_2, \cdots y_n$.

En varios de estos problemas es necesario utilizar fracciones parciales y las soluciones son usualmente combinaciones de funciones exponenciales, trigonométricas y polinomiales.

Ejercicio 1: Resuelva los siguientes sistemas de ecuaciones diferenciales.

a. $\quad \begin{array}{ll} y_1' = y_2 \\ y_2' = 4y_1 \end{array}, \quad \begin{array}{l} y_1(0) = 2 \\ y_2(0) = 4 \end{array}$

Aplique las propiedades de las transformadas de Laplace.

$$\mathcal{L}\{y'(t)\} = sY - y(0)$$

El sistema de ecuaciones es lineal en Y_1 & Y_2.

$$\begin{array}{lll} sY_1 - 2 = Y_2 & \Rightarrow & sY_1 - Y_2 = 2 \\ sY_2 - 4 = 4Y_1 & \Rightarrow & -4Y_1 + sY_2 = 4 \end{array}$$

Reescriba el sistema en forma matricial $A\mathbf{x} = \mathbf{b}$:

$$\begin{bmatrix} s & -1 \\ -4 & s \end{bmatrix} \begin{bmatrix} Y_1 \\ Y_2 \end{bmatrix} = \begin{bmatrix} 2 \\ 4 \end{bmatrix}$$

El determinante de la matriz A es: $\det(A) = s^2 - 4$. Utilice la Regla de Cramer.

$$Y_1 = \frac{1}{\det(A)} \begin{vmatrix} 2 & -1 \\ 4 & s \end{vmatrix} = \frac{2s+4}{s^2-4}$$

$$Y_2 = \frac{1}{\det(A)} \begin{vmatrix} s & 2 \\ -4 & 4 \end{vmatrix} = \frac{4s+8}{s^2-4}$$

Utilice las transformadas inversas para seno y coseno hiperbólico.

$$\mathcal{L}^{-1}\left\{\frac{1}{s^2-k^2}\right\} = \frac{1}{k}\sinh(kt) \qquad \mathcal{L}^{-1}\left\{\frac{s}{s^2-k^2}\right\} = \cosh(kt)$$

La solución del sistema de ecuaciones es:

$$y_1(t) = \mathcal{L}^{-1}\left\{\frac{2s}{s^2-4} + \frac{4}{s^2-4}\right\} = 2\cosh(2t) + 2\sinh(2t)$$

$$y_2(t) = \mathcal{L}^{-1}\left\{\frac{4s}{s^2-4} + \frac{8}{s^2-4}\right\} = 4\cosh(2t) + 4\sinh(2t)$$

b. $\quad \begin{array}{ll} y_1' - 3y_1 - 2y_2 = 0 \\ y_1' + y_2' + 2y_2 = 0 \end{array}, \quad \begin{array}{l} y_1(0) = 3 \\ y_2(0) = -4 \end{array}$

Aplique las transformadas de Laplace.

$$sY_1 - 3 - 3Y_1 - 2Y_2 = 0$$
$$sY_1 - 3 + sY_2 + 4 + 2Y_2 = 0$$

El sistema de ecuaciones es lineal en Y_1 & Y_2.
$$(s-3)Y_1 - 2Y_2 = 3$$
$$sY_1 + (s+2)Y_2 = -1$$

Reescriba el sistema en forma matricial $A\mathbf{x} = \mathbf{b}$:
$$\begin{bmatrix} s-3 & -2 \\ s & s+2 \end{bmatrix} \begin{bmatrix} Y_1 \\ Y_2 \end{bmatrix} = \begin{bmatrix} 3 \\ -1 \end{bmatrix}$$
$$\det(A) = (s+2)(s-3) + 2s = s^2 - s - 6 + 2s$$
$$\det(A) = s^2 + s - 6 = (s+3)(s-2)$$

Utilice la Regla de Cramer.
$$Y_1 = \frac{1}{\det(A)} \begin{vmatrix} 3 & -2 \\ -1 & s+2 \end{vmatrix} = \frac{3s + 6 - 2}{(s+3)(s-2)}$$
$$Y_2 = \frac{1}{\det(A)} \begin{vmatrix} s-3 & 3 \\ s & -1 \end{vmatrix} = \frac{-s + 3 - 3s}{(s+3)(s-2)}$$

Reescriba Y_1 & Y_2 en términos de sus fracciones parciales.
$$\frac{3s+4}{(s+3)(s-2)} = \frac{A}{s+3} + \frac{B}{s-2}$$
$$A(s-2) + B(s+3) = 3s + 4$$
$$s = -3: \quad -5A = -5 \quad A = 1$$
$$s = +2: \quad +5B = 10 \quad B = 2$$

$$\frac{-4s+3}{(s+3)(s-2)} = \frac{C}{s+3} + \frac{D}{s-2}$$
$$C(s-2) + D(s+3) = -4s + 3$$
$$s = -3: \quad -5C = 15 \quad C = -3$$
$$s = +2: \quad +5D = -5 \quad D = -1$$

Aplique la transformada inversas para funciones exponenciales.
$$y_1(t) = \mathcal{L}^{-1}\left\{ \frac{1}{s+3} + \frac{2}{s-2} \right\} = e^{-3t} + 2e^{2t}$$
$$y_2(t) = \mathcal{L}^{-1}\left\{ -\frac{3}{s+3} - \frac{1}{s-2} \right\} = -3e^{-3t} - e^{2t}$$

Aplicaciones

Los sistemas de ecuaciones diferenciales se utilizan para resolver los siguientes problemas.
- Problemas de Mezclas
- Resortes Acoplados
- Redes de Circuitos Eléctricos

Ejercicio 2: Considere los dos tanques que se ilustran en la siguiente figura. Suponga que el tanque A contiene 40 galones de agua en los que hay disueltos 20 gramos de sal. Suponga que el tanque B contiene 40 galones de agua pura. A los tanques entra y sale líquido como se indica en la figura; se supone que tanto la mezcla intercambiada entre los dos tanques como el líquido bombeado hacia fuera del tanque B está bien mezclados.

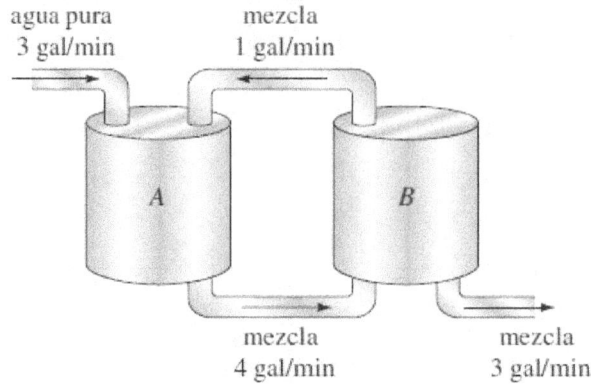

a. Escriba las ecuaciones diferenciales que describen la cantidad de libras $y_1(t)$ & $y_2(t)$ de sal en los tanques A y B en el tiempo t.

En el tanque A ingresan 4 gal de solución y salen 4 gal de solución, por lo que el volumen del líquido en el tanque A se mantiene constante. En el tanque B el volumen de solución se mantiene también en 40 galones porque ingresan 4 gal. y salen 4 gal. de solución.

El tanque A tiene 2 flujos de entrada (el agua pura y del tanque B) y tiene un flujo de salida del tanque A.

Los gramos de sal por minuto que ingresan/salen al tanque A en cada tubería es igual a la velocidad (gal / min) por la concentración de sal en cada tanque (gramos / gal). Por ejemplo la cantidad de sal que ingresa al tanque A del tanque B es:

$$\text{Cantidad}_{B \to A} = 1\text{gal/min}\, \frac{x_2}{40}\text{gr./gal} = \frac{x_2}{40}\text{gr./min}$$

La cantidad neta de sal que ingresa al tanque A es:

$$\frac{dy_1}{dt} = \underbrace{3 \cdot 0}_{entrada\ agua\ pura} + \underbrace{1 \cdot \frac{y_2}{40}}_{entrada\ del\ tanque\ B} - \underbrace{4 \cdot \frac{y_1}{40}}_{salida\ hacia\ el\ tanque\ B} = -0.1y_1 + 0.025y_2$$

Del mismo modo, la cantidad neta de sal que ingresa al tanque B es:

$$\frac{dy_2}{dt} = \underbrace{4 \cdot \frac{y_1}{40}}_{entrada\ del\ tanque A} - \underbrace{4 \cdot \frac{y_2}{40}}_{salida\ hacia\ el\ tanque\ A} - \underbrace{0 \cdot \frac{y_2}{40}}_{ultima\ salida} = 0.1y_1 - 0.1y_2$$

Las condiciones iniciales para las EDs son: $y_1(0) = 20$, $y_2(0) = 0$.

b. Resuelva el sistema de ecuaciones diferenciales.

Aplique las transformadas de Laplace en ambas ecuaciones.

$$sY_1 - 20 = -0.1Y_1 + 0.025Y_2 \qquad (s+0.1)Y_1 - 0.025Y_2 = 20$$
$$sY_2 - 0 = +0.1Y_1 - 0.1Y_2 \qquad -0.1Y_1 + (s+0.1)Y_2 = 0$$

Reescriba el sistema en forma matricial $A\mathbf{x} = \mathbf{b}$:

$$\begin{bmatrix} s+0.1 & -0.025 \\ -0.1 & s+0.1 \end{bmatrix} \begin{bmatrix} Y_1 \\ Y_2 \end{bmatrix} = \begin{bmatrix} 20 \\ 0 \end{bmatrix}$$

$$\det(A) = (s+0.1)^2 - 0.0025 = s^2 + 0.2s + 0.010 - 0.0025$$
$$\det(A) = s^2 + 0.2s + 0.0075 = (s+0.05)(s-0.15)$$

Utilice la Regla de Cramer.

$$Y_1 = \frac{1}{\det(A)} \begin{vmatrix} 20 & -0.025 \\ 0 & s+0.1 \end{vmatrix} = \frac{20s+2}{(s+0.05)(s+0.15)}$$

$$Y_2 = \frac{1}{\det(A)} \begin{vmatrix} s+0.1 & 20 \\ -0.1 & 0 \end{vmatrix} = \frac{2}{(s+0.05)(s+0.15)}$$

Reescriba Y_1 & Y_2 en términos de sus fracciones parciales.

$$\frac{20s+2}{(s+0.05)(s+0.15)} = \frac{A}{s+0.05} + \frac{B}{s+0.15}$$

$$A(s+0.15) + B(s+0.05) = 20s+2$$

$$s = -0.05: \qquad +0.1A = -1+2 = +1 \qquad \Rightarrow \qquad A = 10$$
$$s = -0.15: \qquad -0.1B = -3+2 = -1 \qquad \Rightarrow \qquad B = 10$$

$$\frac{2}{(s+0.05)(s+0.15)} = \frac{C}{s+0.05} + \frac{D}{s+0.15}$$

$$C(s+0.15) + D(s+0.05) = 2$$

$$s = -0.05: \qquad +0.1C = 2 \qquad \Rightarrow \qquad C = +20$$
$$s = -0.15: \qquad -0.1D = 2 \qquad \Rightarrow \qquad D = -20$$

Aplique la transformada inversas para funciones exponenciales.

$$y_1(t) = \mathcal{L}^{-1}\left\{ \frac{10}{s+0.05} + \frac{10}{s+0.15} \right\} = 10e^{-0.05t} + 10e^{-0.15t}$$

$$y_2(t) = \mathcal{L}^{-1}\left\{ \frac{20}{s+0.05} - \frac{20}{s+0.15} \right\} = 20e^{-0.05t} - 20e^{-0.15t}$$

Resortes Acoplados

Dos masas m_1 & m_2 están conectadas a dos resortes A y B de masa despreciable con constantes de resorte k_1 & k_2 respectivamente.

La sig. figura muestra como se unen los dos resortes.

Sean $y_1(t)$ & $y_2(t)$ los desplazamientos verticales de las masas desde sus posiciones de equilibrio.

El resorte A tiene una elongación neta de y_1, mientras que el resorte B tiene una elongación neta de $y_2 - y_1$.

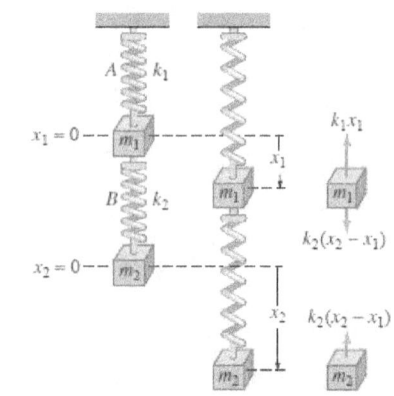

Por la ley de Hooke $F = -kL$, los dos resortes ejercen una fuerza F_1 sobre la masa m_1:

$$F_1 = -ky_1 + k_2(y_2 - y_1)$$

la fuerza F_2 que se ejerce sobre la masa m_2 se debe sólo a la elongación neta de B

$$F_2 = -k_2(y_2 - y_1)$$

Si ninguna fuera externa se aplica al sistema y si ninguna fuerza de amortiguamiento $\beta y'$ está presente, el desplazamiento vertical de cada masa se representa por el siguiente sistema de ecuaciones diferenciales de 2do orden:

$$m_1 y_1'' = -ky_1 + k_2(y_2 - y_1)$$
$$m_2 y_2'' = -k_2(y_2 - y_1)$$

Aplique la transformada de Laplace para segundas derivadas para reescribir este sistema en términos de Y_1 & Y_2.

$$\mathcal{L}\{y''(t)\} = s^2 Y^2 - sy(0) + y'(0)$$

Ejercicio 3: Dos masas de 1 kg están acopladas con dos resortes cuyas constantes son $k_1 = 12$ N/m y $k_2 = 8$ N/m. Encuentre las ecuaciones de movimiento de cada masa si inicialmente ambos resortes están en su posición de equilibrio $y_1(0) = y_2(0) = 0$ y tienen velocidades iniciales de 1 m/s & -1 m/s, respectivamente.

Resuelva el siguiente sistema de ecuaciones diferenciales lineales:

$$y_1'' = -12y_1 + 8(y_2 - y_1) = -20y_1 + 8y_2 \qquad y_1(0) = 0 \qquad y_1'(0) = +1$$
$$y_2'' = -8(y_2 - y_1) = -8y_1 - 8y_2 \qquad y_2(0) = 0 \qquad y_2'(0) = -1$$

Aplique la transformada de Laplace para segundas derivadas para reescribir este sistema en términos de Y_1 & Y_2.

$$s^2 Y_1 - 1 = -20Y_1 + 8Y_2 \qquad\qquad (s^2 + 20)Y_1 - 8Y_1 = +1$$
$$s^2 Y_1 + 1 = +8Y_1 - 8Y_2 \qquad\qquad -8Y_1 + (s^2 + 8)Y_2 = -1$$

Reescriba el sistema en forma matricial $A\mathbf{x} = \mathbf{b}$:

$$\begin{bmatrix} s^2+20 & -8 \\ -8 & s^2+8 \end{bmatrix} \begin{bmatrix} Y_1 \\ Y_2 \end{bmatrix} = \begin{bmatrix} +1 \\ -1 \end{bmatrix}$$

$$\det(A) = (s^2+20)(s^2+8) - 64 = s^4 + 28s^2 + 160 - 64$$

$$\det(A) = s^4 + 28s^2 + 96 = (s^2+4)(s^2+24)$$

Utilice la Regla de Cramer.

$$Y_1 = \frac{1}{\det(A)} \begin{vmatrix} 1 & -8 \\ -1 & s^2+8 \end{vmatrix} = \frac{s^2+8-8}{(s^2+4)(s^2+24)} = \frac{s^2}{(s^2+4)(s^2+24)}$$

$$Y_2 = \frac{1}{\det(A)} \begin{vmatrix} s^2+20 & 1 \\ -8 & -1 \end{vmatrix} = \frac{-s^2-20+8}{(s^2+4)(s^2+24)} = \frac{-s^2-12}{(s^2+4)(s^2+24)}$$

Reescriba cada fracción en términos de sus fracciones parciales

$$\frac{s^2}{(s^2+4)(s^2+24)} = \frac{A+Bs}{s^2+4} + \frac{C+Ds}{s^2+24}$$

$$(A+Bs)(s^2+24) + (C+Ds)(s^2+4) = s^2$$

$$Bs^3 + As^2 + 24Bs + 24A + Ds^3 + Cs^2 + 4Ds + 4C = s^2$$

Resuelva el siguiente sistema de ecuaciones:

$$\begin{aligned} B + D &= 0 & \Rightarrow && B &= -D \\ 24B + 4D &= 0 & \Rightarrow && 16B &= 0 \\ A + C &= 1 & \Rightarrow && -5A &= 1 \\ 24A + 4C &= 0 & \Rightarrow && C &= -6A \end{aligned}$$

Se obtiene que $A = -1/5$, $C = 6/5$, $B = D = 0$.

$$\frac{s^2}{(s^2+4)(s^2+24)} = \frac{-1/5}{s^2+4} + \frac{6/5}{s^2+24}$$

Utilizando un procedimiento similar se obtiene que:

$$\frac{-s^2-12}{(s^2+4)(s^2+24)} = \frac{-2/5}{s^2+4} + \frac{-3/5}{s^2+24}$$

Utilice la transformada inversa de la función seno.

$$\mathcal{L}^{-1}\left\{\frac{a}{s^2+k}\right\} = \frac{a}{\sqrt{k}} \sin\left(\sqrt{k}\,t\right)$$

Las ecuaciones de movimiento para cada masa son:

$$y_1(t) = \mathcal{L}^{-1}\left\{\frac{-1/5}{s^2+4} + \frac{6/5}{s^2+24}\right\} = -\frac{1}{10}\sin(2t) + \frac{6}{5\sqrt{24}}\sin\left(\sqrt{24}\,t\right)$$

$$y_2(t) = \mathcal{L}^{-1}\left\{\frac{-2/5}{s^2+4} + \frac{-3/5}{s^2+24}\right\} = -\frac{1}{5}\sin(2t) - \frac{3}{5\sqrt{24}}\sin\left(\sqrt{24}\,t\right)$$

www.ingramcontent.com/pod-product-compliance
Lightning Source LLC
Chambersburg PA
CBHW081431220526
45466CB00008B/2346